Parques Nacionales PANAMA National Parks

A mi esposa Cuqui, y a mis hijos,
Juan Andrés, Felipe Antonio y Gabriel Eduardo,
por el tiempo que me prestaron para trabajar en este libro.

To my wife Cuqui, and my sons,
Juan Andrés, Felipe Antonio and Gabriel Eduardo,
for the time they afforded me to work on this book.

Publicado por Ediciones Balboa S.A.

Realización: *Ediciones San Marcos S.L.*
Diseño: *Alberto Caffaratto*
Traducción: *Lesley Ashcroft*

Filmación: *Equipo Párrafo*
Fotomecánica: *Avance Técnico*
Impresión: *Gráficas Jomagar*
Encuadernación: *Alfonso y Miguel Ramos*

I.S.B.N.: 84-89127-12-3
Depósito Legal: M-27.240-1998

Parques Nacionales
PANAMA
National Parks

JUAN CARLOS NAVARRO Q.

Contenido

Contents

Prólogo

Un proverbio de la tribu massai advierte que "nosotros no hemos heredado la tierra de nuestros antepasados, sino que la hemos tomado en préstamo a nuestros descendientes". Este refrán ilustra con precisión el sentido de responsabilidad para con las generaciones venideras que la UNESCO trata de fortalecer y difundir entre todos los pueblos del planeta. Porque los esfuerzos para forjar un mundo más justo y más pacífico fracasarán, si no toman en cuenta la necesidad de preservar el medio ambiente y evitar la aplicación mecánica de modelos de desarrollo que atentan contra el patrimonio natural de la humanidad.

Merced a su situación geográfica, la República de Panamá constituye un puente histórico, cultural y biológico, a través del cual se han producido múltiples intercambios entre las grandes masas continentales de América, situadas al norte y al sur del Istmo. Esta peculiar disposición la ha dotado de un patrimonio natural y cultural de gran valor, cuya protección constituye una de las prioridades de la UNESCO en esa región. A fin de contribuir a esta tarea, la Organización ha otorgado la categoría de Patrimonio Natural de la Humanidad y Reserva de la Biosfera al Parque Internacional La Amistad y al Parque Nacional Darién, exponentes de la diversidad biológica de Panamá y del planeta.

Este libro que me complazco en prologar refleja la extraordinaria riqueza de la flora y la fauna que habita en los Parques Nacionales del Istmo. Su publicación es un valioso aporte al cometido de preservación y fomento que la UNESCO comparte con las autoridades y la sociedad panameñas.

Federico Mayor Zaragoza
Director General de la UNESCO

FOREWORD

A proverb of the Masai tribe warns 'We have not inherited the Earth from our ancestors; rather, we have borrowed it from our descendants'. This saying accurately illustrates the sense of responsibility towards future generations that UNESCO tries to strengthen and spread among all the peoples of the world. It does so because efforts to forge a more just and peaceful world will fail if we do not take into consideration the need to preserve the Environment and avoid mechanically applying development models that undermine the world's natural heritage.

Thanks to its geographical location, the Republic of Panama constitutes an historical, cultural and biological bridge over which many exchanges have taken place between the great continental land masses of America, situated to the North and South of the Isthmus. This special position has endowed it with a very valuable natural and cultural heritage, and protecting that heritage represents one of UNESCO's priorities in the region. In order to contribute to this task, the organization has awarded the category of World Heritage Sites and Biosphere Reserves to La Amistad International Park and Darién National Park, exponents of the biological diversity of Panama and of the World.

This book, for which I have the pleasure of writing the foreword, reflects the extraordinary wealth of flora and fauna in Panama's national parks. Its publication is a valuable contribution to the task of preservation and promotion that UNESCO shares with the authorities and society of Panama.

Federico Mayor Zaragoza
UNESCO DIRECTOR-GENERAL

PRESENTACIÓN

Con orgullo presentamos el primer libro de *Parques Nacionales de Panamá.* Esta obra es el resultado de los esfuerzos conjuntos realizados por el Instituto Panameño de Turismo (IPAT) y la Autoridad Nacional del Ambiente (ANAM) para dar a conocer a la comunidad internacional la gran riqueza que tiene Panamá respecto a su fauna, su flora y sus maravillosos parajes tropicales, que son únicos en su categoría y que constituyen un valioso patrimonio para la humanidad por la exclusiva biodiversidad de los mismos.

El libro ha sido cuidadosamente editado con una presentación de lujo, que a través de las extraordinarias fotografías que contiene y de los interesantes relatos que las describen, permite conocer y disfrutar de los hermosos paisajes que se muestran en sus páginas.

Panamá ha sido conocido globalmente como un puente biológico natural que cuenta con importantes sitios de singular riqueza ecológica, localizados en los diversos parques nacionales, en las reservas de flora y fauna, así como en las demás áreas protegidas que abarcan el 25% del total de la superficie del país. Los 14 parques nacionales panameños, con su masa boscosa tropical, conforman una especie de catedral viviente que da albergue y protege a más de 900 especies de aves y a cerca de 1.200 especies de orquídeas.

En la entrada del siglo XXI, tenemos la obligación de proteger y conservar esta extraordinaria riqueza, a fin de poder ofrecerla a las generaciones futuras como la más preciada herencia divina, inculcándoles además, la importancia que tiene el manejo sostenido de la naturaleza, cómo único medio para lograr el pleno desarrollo social y económico de nuestro país.

Esperamos que los amables lectores que tengan a bien recorrer las páginas de este libro, disfruten plenamente de su interesante contenido, y les sirva de motivación para visitar y proteger los extraordinarios sitios que aquí se describen.

Mirei Endara S.
ADMINISTRADORA GENERAL DE ANAM

César A. Tribaldos G.
GERENTE GENERAL DEL IPAT

Presentation

It is with pride that we present the first book on the *National Parks of Panama.* This work is the result of the joint efforts of the Instituto Panameño de Turismo (IPAT) and the Autoridad Nacional del Ambiente (ANAM) to promote among the international community Panama's great wealth of plant and animal life and its marvellous tropical landscapes, which are unique of their kind and which, through their exclusive biodiversity, represent a valuable heritage for Mankind.

Through the extraordinary photos and interesting, explanatory text accompanying them, this carefully put together and lavishly presented book enables readers to discover and enjoy the beautiful landscapes illustrated on its pages.

Panama has a world-wide reputation as a natural biological bridge with important sites of exceptional ecological richness in the various national parks, flora and fauna reserves and other protected areas covering 25% of the total surface area of the country. The 14 national parks in Panama, with their huge tracts of tropical forests, make up a kind of living cathedral that shelters and protects over 900 species of birds and nearly 1,200 species of orchids.

On the threshold of the twenty first century, it is our obligation to protect and conserve this extraordinary wealth in order to be able to hand it over to future generations as the most precious divine heritage. What is more, we must impress upon them the importance of sustained management of the natural environment as the only way for Panama to achieve full social and economic development.

We trust that readers who peruse the pages of this book will really enjoy its interesting contents, and we hope that it motivates them to visit and protect the remarkable places described herein.

Mirei Endara S.
ANAM General Administrator

César A. Tribaldos G.
IPAT General Manager

Áreas de Conservación
Conservation Areas

1 Parque Nacional Darién
2 Reserva Natural Punta Patiño
3 Corredor Biológico de la Serranía de Bagre
4 Reserva Forestal Canglón
5 Reserva Hidrológica Serranía Filo del Tallo
6 Parque Nacional Chagres
7 Parque Nacional Soberanía
8 Monumento Natural Isla Barro Colorado
9 Parque Nacional y Reserva Biológica Altos de Campana
10 Parque Nacional Camino de Cruces
11 Parque Natural Metropolitano
12 Area Recreativa Lago Gatún
13 Parque Nacional Cerro Hoya
14 Parque Nacional Sarigua
15 Parque Nacional General de División Omar Torrijos Herrera
16 Reserva Forestal La Laguna de La Yeguada
17 Monumento Natural de Los Pozos de Calobre
18 Área Natural Recreativa Salto de Las Palmas
19 Reserva Forestal El Montuoso
20 Reserva Forestal La Tronosa
21 Refugio de Vida Silvestre Cenegón del Mangle
22 Refugio de Vida Silvestre El Peñón del Cedro de Los Pozos
23 Refugio de Vida Silvestre Peñón de la Honda
24 Refugio de Vida Silvestre Pablo Arturo Barrios
25 Refugio de Vida Silvestre Isla Iguana
26 Parque Nacional Coiba
27 Parque Nacional Marino Golfo de Chiriquí
28 Refugio de Vida Silvestre Isla de Cañas
29 Reserva Natural Isla San Telmo
30 Refugio de Vida Silvestre Playa de La Barqueta Agrícola
31 Refugio de Vida Silvestre Playa Boca Vieja
32 Humedal El Golfo de Montijo
33 Refugio de Vida Silvestre Taboga y Urabá
34 Parque Internacional La Amistad
35 Parque Nacional Volcán Barú
36 Bosque Protector de Palo Seco
37 Reserva Forestal Fortuna
38 Humedal Lagunas de Volcán
39 Parque Nacional Marino Isla Bastimentos
40 Parque Nacional Portobelo
41 Área Silvestre de Narganá
42 Humedal de San San-Pond Sak

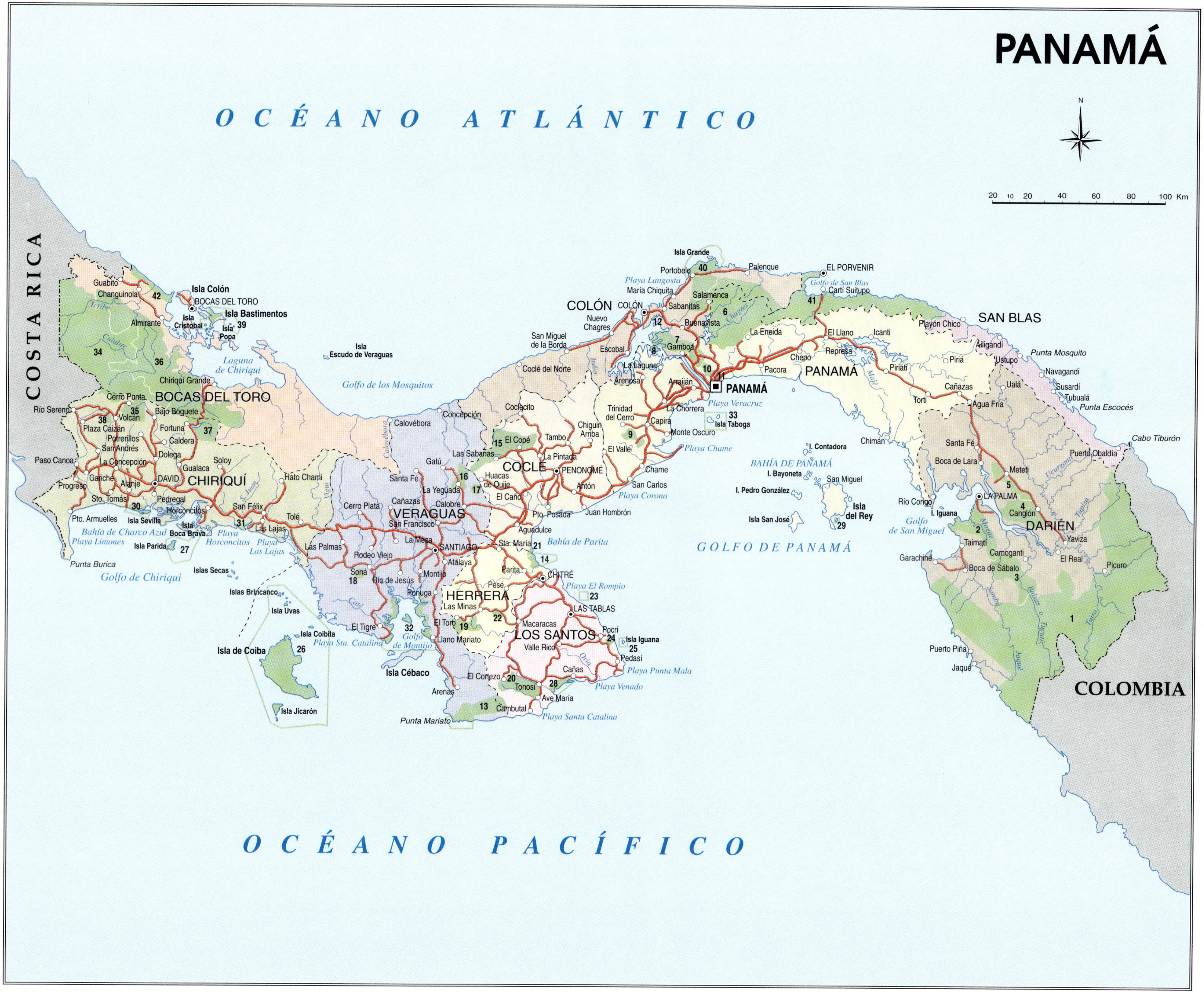

PANAMÁ

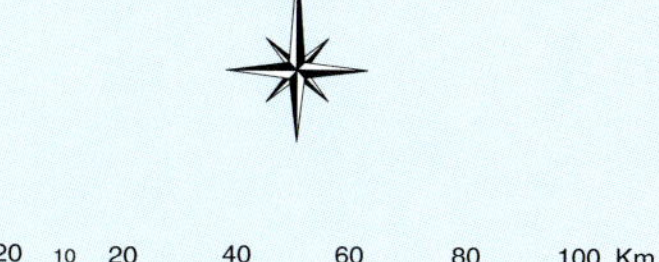

OCÉANO ATLÁNTICO

OCÉANO PACÍFICO

COSTA RICA

COLOMBIA

BOCAS DEL TORO
CHIRIQUÍ
VERAGUAS
COCLÉ
HERRERA
LOS SANTOS
COLÓN
PANAMÁ
SAN BLAS
DARIÉN

Isla Colón
BOCAS DEL TORO
Isla Bastimentos
Isla Cristobal
Isla Popa
39
Guabito
Changuinola
42
Almirante
34
36
Laguna de Chiriquí
Chiriquí Grande
Cerro Punta
35
Volcán
38
Bajo Boquete
Río Sereno
Plaza Caizán
Potrerillos
San Andrés
Fortuna
37
Caldera
Dolega
Paso Canoa
La Concepción
Gualaca
Soloy
Gariché
Alanje
DAVID
Progreso
Pedregal
Sto. Tomás
30
Horconcitos
San Félix
Pto. Armuelles
Isla Sevilla
Isla Boca Brava
31
Bahía de Charco Azul
Playa Limones
Playa Horconcitos
Playa Las Lajas
Las Lajas
Isla Parida
27
Punta Burica
Golfo de Chiriquí
Islas Secas
Islas Brincanco
Isla Uvas
Isla Coibita
Isla de Coiba
26
Isla Jicarón
Hato Chamí
Tolé
Isla Escudo de Veraguas
Golfo de los Mosquitos
Calovébora
Concepción
Coclecito
Cerro Plata
Cañazas
Calobre
San Francisco
Santa Fé
Gatú
Las Sabanas
La Yeguada
16
17
Las Palmas
La Mesa
SANTIAGO
Rodeo Viejo
Atalaya
Sona
18
Río de Jesús
Montijo
Ponuga
El Tigre
32
Golfo de Montijo
Playa Sta. Catalina
Isla Cébaco
Llano Mariato
El Toro
19
Las Minas
Pesé
22
Arenas
El Cortezo
20
Tonosí
28
13
Cambutal
Ave María
Punta Mariato
Playa Santa Catalina
Playa Venado
Playa Punta Mala
Pedasí
Cañas
Valle Rico
Macaracas
LAS TABLAS
Pocrí
24
Isla Iguana
25
23
Playa El Rompio
CHITRÉ
Parita
Sta. María
21
14
Bahía de Parita
Aguadulce
Pto. Posada
Juan Hombrón
El Caño
Huacas de Quije
PENONOMÉ
Antón
La Pintada
15
El Copé
Tambo
Chiguirí Arriba
El Valle
Chame
San Carlos
Playa Corona
Playa Chame
Cocle del Norte
San Miguel de la Borda
Nuevo Chagres
Escobal
COLÓN
12
8
7
Gamboa
La Laguna
Arenosa
Arraiján
10
11
PANAMÁ
Trinidad del Cerro
9
Capira
La Chorrera
Monte Oscuro
Playa Veracruz
33
Isla Taboga
Isla Grande
Portobelo
40
Palenque
Playa Langosta
María Chiquita
Sabanitas
Salamanca
6
Buenavista
EL PORVENIR
Golfo de San Blas
Cartí Suitupo
41
La Eneida
El Llano
Icantí
Chepo
Represa
Pacora
Playón Chico
Piriá
Ailigandí
Ustupo
Punta Mosquito
Navagandí
Susardí
Tubualá
Punta Escocés
Cabo Tiburón
Piriatí
Cañazas
Ualá
Tortí
Agua Fría
Chimán
Santa Fé
Boca de Lara
Puerto Obaldía
I. Contadora
BAHÍA DE PANAMÁ
I. Bayoneta
San Miguel
I. Pedro González
Isla San José
Isla del Rey
29
GOLFO DE PANAMÁ
Río Congo
I. Iguana
Golfo de San Miguel
LA PALMA
Meteti
5
4
Canglón
2
Taimatí
Yaviza
Camoganti
El Real
Garachiné
Boca de Sábalo
3
Picuro
1
Puerto Piña
Jaqué

El Darién

Las densas selvas del Darién, que en su día fueron penosamente atravesadas por Vasco Núñez de Balboa antes de descubrir el océano Pacífico, están consideradas como las más variadas de toda la América tropical. A la derecha, un guayacán en flor destaca sobre el verde intenso del dosel forestal. Junto a estas líneas, detalle de la flor de la planta conocida como "labios ardientes".

The dense jungles of Darién, across which Vasco Núñez de Balboa once laboriously made his way before discovering the Pacific, are considered to be the most varied in all tropical America. Right, a flowering guayacan tree stands out over the bright green of the forest canopy. Left, a close-up of the flower of the plant known as 'labios ardientes' or 'burning lips'.

A veces se hace muy difícil caminar por el interior de las selvas húmedas y muy húmedas de la región darienita debido a la densidad de la vegetación que las caracteriza.

Making one's way through the interior of moist and very moist jungle in the Darién region can sometimes be very difficult due to the typically dense vegetation.

Parque Nacional Darién

El Parque Nacional Darién protege más de 579.000 hectáreas de legendarios ecosistemas naturales y bosques lluviosos primarios en la vertiente del Pacífico panameño, la más amplia extensión de estos bosques que aún se conservan en toda la América Central. Por su importancia nacional e internacional, el Darién fue formalmente reconocido por la UNESCO como Sitio del Patrimonio Mundial (1981) y posteriormente como Reserva de la Biosfera (1983). Esta área protegida, localizada en un lugar relativamente inaccesible, representa la segunda región más rica en biodiversidad neotropical después de la región amazónica.

Los impresionantes parajes naturales del Parque Nacional Darién comienzan desde sus costas sobre el Pacífico, en las que singulares acantilados rodean la zona de la playa de Muertos en el flanco sureste del istmo de Panamá. Desde estas costas la reserva se extiende por zonas de bosques húmedos tropicales y bosques muy húmedos tropicales, ascendiendo hasta los bosques pluviales premontanos de la cima del cerro Tacarcuna, de 1.875 metros de altitud sobre el nivel del mar, ubicado en la divisoria continental de la serranía del Darién, a escasos kilómetros del Caribe, en el extremo noreste del país.

Valles enteros de bosques húmedos y muy húmedos tropicales se prolongan hasta donde se pierde la vista, dominados por enormes cuipos *(Cavanillesia platanifolia)* que florecen en espectaculares tonos rojos y anaranjados al final del verano, cuando el dosel del bosque es marcado también por la floración amarilla intensa de los vistosos árboles de guayacán *(Tabebuia guayacan)*. Dentro del bosque, innumerables lianas cuelgan de las ramas de los árboles, incluyendo numerosas especies endémicas y de singular belleza como la escalera de mono *(Bauhinia* sp.) y el bejuco de agua *(Doliocarpus olivaceus)*.

El mayor parque nacional de Panamá y de toda Centroamérica, la reserva del Darién, abarca la totalidad del límite terrestre entre Panamá y Colombia en la región este del Istmo, y junto con las reservas naturales Punta Patiño (31.275 ha), el Corredor Biológico de la Serranía de Bagre (30.000 ha), en Panamá, y el Parque Nacional Los Katíos (72.000 ha), en Colombia, forman la columna vertebral de una formidable zona protegida de más de 700.000 hectáreas de extensión.

En este parque nacen los más importantes ríos de la región, incluyendo al majestuoso río Tuira, el gran río del Darién que con 182 kilómetros de longitud es también el más caudaloso e importante del país. Así mismo, nacen dentro del área protegida los imponentes ríos Balsas, Sambú y Jaqué, que junto al Tuira tienen una enorme importancia económica y cultural no sólo para las poblaciones autóctonas de la región sino también para toda la nación panameña.

Tres grupos indígenas precolombinos habitan en Darién: los Kunas, que mantienen poblaciones tradicionales en los poblados de Paya y Púcuro, al pie de la montaña sagrada Cerro Tacarcuna; los Emberá, habitantes tradicionales ribereños del Chocó, y los Wounaan, muy cercanos lingüística y culturalmente a los Emberá. Las ricas tradiciones de estos habitantes autóctonos de la región incorporan la sabiduría acumulada durante

Darién National Park

Darién National Park protects over 579,000 hectares of legendary natural ecosystems and primary moist forests on the Pacific-facing slope of Panama, which is the largest remaining intact stretch of this type of forest in the whole of Central America. Due to its national and international importance, Darién was formally recognised by UNESCO as a World Heritage Site in 1981, and as a Biosphere Reserve in 1983. This protected area, situated in a relatively inaccessible place, is the second richest region in terms of neotropical biodiversity after the Amazon.

The impressive natural landscapes of Darién National Park begin on its Pacific coasts, where extraordinary cliffs surround the Muertos Beach area on the south-eastern flank of the Isthmus of Panama. From the coasts, the reserve extends through areas of moist and very moist tropical forest, rising to the premontane rainforests at the top of Cerro Tacarcuna, 1,875 m above sea level and situated on the continental watershed of the Serranía del Darién, a few kilometres from the Caribbean at the north-eastern end of the country.

Whole valleys of moist and very moist tropical forests stretch as far as the eye can see. There is a predominance of huge 'cuipos' *(Cavanillesia platanifolia)* that flower in spectacular shades of red and orange at the end of summer, when the forest canopy is also stained with the intense bright yellow of the colourful guayacan trees *(Tabebuia guayacan)*. In the forest, numerous lianas hang from branches, including many extremely beautiful endemic species like the 'escalera de mono' *(Bauhinia* sp.) and the 'bejuco de agua' *(Doliocarpus olivaceus)*.

The largest national park in Panama and Central America, Darién Reserve, covers the whole land border between Panama and Colombia in the East of the Isthmus, and together with the natural reserves of Punta Patiño (31.275 ha), the Serranía de Bagre Natural Corridor (30.000 ha) in Panama, and Los Katíos National Park (72,000 ha) in Colombia, form the backbone of a huge protected area of over 700,000 hectares.

The region's most important rivers rise in this region. They include the majestic River Tuira and the El Darién River, which at 182 kilometres long is also the largest and most important in the country. The impressive Balsas, Sambú and Jaqué rivers rise in the protected area. Together with the Tuira, they are of enormous economic and cultural importance not only for the region's native populations, but also for the whole Panamanian nation.

Three native pre-Columbian groups live in Darién: the Kunas, with traditional settlements in the towns of Paya and Púcuro at the foot of the sacred mountain Cerro Tacarcuna; the Emberá, traditional riverside inhabitants of the Chocó; and the Wounaan, who are linguistically and culturally very close to the Emberá. The rich traditions of these native inhabitants incorporate the wisdom accumulated over centuries about the use and exploitation of plants and animals, such as the ceremonial and medicinal use of the fruit of the 'jagua' tree *(Genipa americana)* by the Emberá to paint and decorate their bodies,

En el Parque Nacional Darién nacen numerosos y caudalosos ríos, entre ellos el majestuoso Tuira. Abundantes cascadas salpican toda la geografía del área protegida.

Many large rivers rise in Darién National Park, including the majestic Tuira. Many waterfalls are dotted over the landscape of the protected area.

EN EL CORAZÓN DEL PARQUE NACIONAL SE LOCALIZAN LAS FAMOSAS MINAS DEL ESPÍRITU SANTO O DE CANA. Prácticamente enterradas por la vegetación, todavía se conservan algunas de las instalaciones de esta mina aurifera (arriba e izquierda). A la derecha, la belleza de la selva de Cana.

IN THE HEART OF THE NATIONAL PARK LIE THE FAMOUS ESPÍRITU SANTO or Cana Mines. Virtually buried under vegetation, some of this ruined goldmine's installations are still conserved (above and left). Right, the beauty of the jungle in Cana.

EL LLAMATIVO TUCÁN PICO IRIS ES UNA DE LAS AVES QUE pueden observarse entre las más de 450 especies que viven en estas selvas.

THE STRIKING KEEL-BILLED TOUCAN IS ONE OF THE more than 450 species found in these jungles.

siglos sobre la utilización y aprovechamiento de las plantas y animales, como el uso ceremonial y medicinal del fruto del árbol de jagua *(Genipa americana)* por parte de los Emberá para pintar y adornar sus cuerpos, y el uso de la duerme boca *(Piper darienensis)* por los Kunas para adormecer las encías y aliviar los dolores de muelas.

Las dos secciones de la reserva indígena autónoma Comarca Emberá Wounaan limitan y se solapan con el Parque Nacional Darién, mancomunando las políticas oficiales de respeto por las culturas indígenas del país con las de protección y conservación de la diversidad biológica. Poblaciones afro-darienitas de bellas tradiciones han convivido igualmente durante siglos con los indígenas del área, matizando con la cultura y vivencias de sus poblados, ubicados casi siempre en las costas y ríos de la región, el rico mosaico etno-cultural que constituye un aspecto único del Darién.

Las principales cordilleras y serranías del parque nacional son de origen ígneo, en las que se observan con frecuencia tobas y lavas volcánicas. Entre ellas se encuentran las serranías de Pirre y de Setetule, en su parte meridional, así como la serranía del Sapo y la cordillera de Juradó (un remanente final de los Andes suramericanos) en su sección sur. Todas constituyen, junto al cerro Tacarcuna y la serranía del Darién al norte, islas microclimáticas que se han convertido a su vez en importantes áreas de endemismos de flora y fauna.

Punto de encuentro de la rica biota de América del Norte y América del Sur, el Parque Nacional Darién alberga una impresionante diversidad biológica que comprende más de 450 especies de aves, de las que 5 son endémicas de esta región, incluyendo al vistoso subepalo bello *(Margarornis bellulus)* y la tángara nuquiverde *(Tangara fucosa)*, que se pueden observar escalando las escarpadas laderas del cerro Pirre desde Cana. Además, el parque protege 41 especies endémicas de plantas, 6 de anfibios, 5 de reptiles y 7 de mamíferos que no se encuentran en ningún otro país del mundo, entre los que merece destacarse al arador darienita *(Orthogeomys dariensis)* y a la zorra de cuatro ojos *(Marmosops invictus)*.

Más de 56 especies de fauna amenazadas a escala mundial, o en vías de extinción o protegidas por ley, mantienen poblaciones viables en el Parque Nacional Darién, incluyendo a la espectacular águila harpía *(Harpia harpyja)*, que adorna el escudo

and the use of the 'duerme boca' *(Piper darienensis)* by the Kunas to soothe the gums and relieve toothache.

The two parts of the autonomous native reserve of Emberá Wounaan District border and overlap Darién National Park, uniting the official policies of respect for the country's native cultures with those of protection and conservation of biological diversity. Afro-Darien populations with delightful traditions have also co-existed for centuries with the natives in the area, and, through the culture and experiences of their settlements, which are almost always situated on the region's coasts and rivers, they add variety to the rich ethno-cultural mosaic that is a unique feature of Darién.

The main ranges of mountains and hills in the national park are of igneous origin, and it is often possible to see porous volcanic rocks and volcanic lava. They include the southern part of the Pirre and Setetule ranges, and the south of the El Sapo range and Cordillera de Juradó (a final remnant of the South American Andes). Together with Tacarcuna Hill and the Serranía del Darién to the north, they constitute microclimatic islands that have in turn become important areas for animal and plant endemisms.

Darién National Park, the meeting point of the rich biota of North and South America, contains impressive biological diversity that includes over 450 bird species, 5 of which are endemic to this region, including the beautiful and colourful treeruner *(Margarornis bellulus)* and the green-naped tanager *(Tangara fucosa)*, which can be seen climbing up the steep slopes of Cerro Pirre from Cana. The park also provides protection for 41 endemic species of plants, 6 amphibian species, 5 reptiles and 7 mammals not found elsewhere in the world, including the noteworthy Darién giant pocket gopher *(Orthogeomys dariensis)* and the fox *(Marmosops invictus)*.

Over 56 animal species that are globally threatened, in danger of extinction or protected by law maintain viable populations in Darién National Park, including the harpy eagle *(Harpia harpyja)*, which appears on the national coat of arms and is considered to be Panama's national bird. Recent scientific studies indicate that this natural reserve contains the world's largest known population of harpy eagle, the most powerful bird of prey on Earth, with many breeding pairs. This represents an unparalleled opportunity to study the species and its breeding habits in particular.

VISTA AÉREA DEL RÍO TUIRA, que con 182 kilómetros de longitud es el más caudaloso de Panamá.

AERIAL VIEW OF THE RIVER TUIRA, which at 182 kilometres long is the biggest in Panama.

El Parque Nacional Darién alberga la mayor población conocida en toda América del águila harpía (derecha), el ave nacional de Panamá. Arriba, el interior de la selva húmeda darienita.

Darién National Park contains the largest known American population of harpy eagle (right), the national bird of Panama. Above, inside the moist jungle of Darién.

La riqueza de anfibios y reptiles es también notable en toda la región del Darién.
Arriba, una rana venenosa del género *Dendrobates*.
A la izquierda, un arroyo de la zona de Cana.

There is a remarkable wealth of amphibians and reptiles throughout the Darién Region. Above, a venomous toad of the genus *Dendrobates*. Left, a stream in the Cana area.

Sobre estas líneas, un magnífico ejemplar de cuipo con su inconfundible tronco, y el pequeño aeropuerto de Cana, en medio de la selva.

Above, a magnificent 'cuipo' with its unmistakable trunk, and Cana's tiny airport in the middle of the jungle.

nacional y que se considera el ave nacional de Panamá. Estudios científicos recientes indican que esta reserva natural alberga la mayor población conocida de águilas harpías, la más poderosa ave de rapiña del mundo, con numerosas parejas reproductoras, lo que representa una oportunidad sin igual para el estudio científico de la especie y en particular de sus hábitos reproductores.

En el área protegida existen también importantes poblaciones de tapir *(Tapirus bairdii)* y del inconfundible oso caballo *(Myrmecophaga tridactyla)*, así como de las cinco especies de felinos que se encuentran en el Istmo: jaguar *(Panthera onca)*, puma *(Felis concolor)*, manigordo *(Felis pardalis)*, tigrillo *(Felis wiedii)* y tigrillo congo *(Felis yaguaroundi)*.

El Parque Nacional Darién fue establecido por el Gobierno de Panamá en 1980 como una reserva biológica y una zona de contención natural para impedir la transmisión de la fiebre aftosa desde América del Sur al ganado vacuno de América Central y de América del Norte. Es administrado por la Autoridad

ARRIBA, UNA GUACAMAYA VERDE, UNA DE LAS CUATRO especies de guacamayas que viven en el parque, y una espectacular oruga.

ABOVE, A GREEN MACAW, ONE OF the four species of macaw living in the park, and a caterpillar.

In the protected area there are also important populations of tapir *(Tapirus bairdii)*, the unmistakable giant anteater *(Myrmecophaga tridactyla)* as well as the five cat species found on the Isthmus: jaguar *(Panthera onca)*, puma *(Felis concolor)*, ocelot *(Felis pardalis)*, margay *(Felis wiedii)* and jaguarundi *(Felis yaguaroundi)*.

Darién National Park was established by the Regional Government of Panama in 1980 as a biological reserve and a natural buffer zone to prevent the transmission of foot-and-mouth disease from South America to the cattle of Central and North America. It is run by the Autoridad Nacional del Ambiente, ANAM, through its National Board for Protected Areas and Wildlife. The latter provides visitors with information in its Panama City offices (tel. (507) 232-7228) (diraprot@ns.inrenare.stri.si.edu). ANAM has administration offices in El Real de Santa María, the closest town to the reserve, and ranger stations in Cruce de Mono, Río Balsas and Rancho Frío, which have rudimentary facilities for overnighting in the

EL TIGRILLO (ARRIBA) ES UNA DE LAS CINCO ESPECIES DE FELINOS QUE VIVEN EN LAS SELVAS DEL DARIÉN. A la derecha, una vista del dosel forestal que como un mar verde se extiende a lo largo de decenas de kilómetros cuadrados.

THE MARGAY (ABOVE) IS ONE OF THE FIVE CAT SPECIES that live in the Darién jungles. Right, a view of the forest canopy stretching like a sea of green over many square kilometres.

El grupo indígena precolombino de los Emberá ocupa tradicionalmente las riberas de los ríos del Darién.

The pre-Columbian native group called the Emberá traditionally occupies the banks of the rivers of Darién.

Nacional del Ambiente de Panamá, ANAM, a través de la Dirección Nacional de Áreas Protegidas y Vida Silvestre. Ésta facilita información al visitante en sus oficinas de la ciudad de Panamá (tel. (507) 232-7228) (diraprot@ns.inrenare.stri.si.edu). El ANAM mantiene abiertas oficinas administrativas en El Real de Santa María, la población más cercana a esta reserva, y estaciones de guardaparques en Cruce de Mono, Río Balsas y Rancho Frío, que poseen rudimentarios servicios para pernoctar en el área y que se pueden visitar previo acuerdo con la administración del parque.

Desde 1993, la Asociación Nacional para la Conservación de la Naturaleza, ANCON (tel. (507) 264-8100) (http:www.ancon.org) mantiene el Centro Ambiental y Estación Científica Cana en las instalaciones de las famosas e históricas Minas del Espíritu Santo (o Cana), que fueron adquiridas por esta organización ambientalista para su conservación. El área de Cana, ubicada en el corazón del parque, es considerada como uno de los diez sitios más importantes para la observación de aves en el mundo y es accesible mediante vuelo privado de una hora desde la ciudad de Panamá, previa reserva con ANCON.

En Cana se observan con facilidad las cuatro especies de guacamayas del oriente panameño: la verde *(Ara ambigua)*, la azul y amarilla *(Ara ararauna)*, la roja y verde *(Ara chloroptera)* y la más pequeña de todas, la guacamaya frenticastaña *(Ara severa)*. Ornitólogos procedentes de todo el mundo llegan en pequeños grupos para hospedarse en la exclusiva y rudimentaria estación científica con el fin de observar a las guacamayas, el quetzal cabecidorado *(Pharomachrus auriceps)*, la cotinga blanca, conocida también como el ave del Espíritu Santo *(Carpodectes hopkei)*, el escurridizo cuco-hormiguero ventrirrufo *(Neomorphus geoffroyi salvini)* y más de 350 especies adicionales de aves, que comparten el área adyacente a la estación científica con manadas de centenares de puercos de monte *(Tayassu pecari)*, tropas de monos araña negros *(Ateles fusciceps)* y muchas otras especies de mamíferos amenazados o en peligro de extinción que se observan con frecuencia en los numerosos senderos naturales que se mantienen abiertos todo el año en Cana.

Recientemente, el Gobierno de Panamá ha dado importantes pasos para reforzar y garantizar la conservación de la biodiversidad y los recursos naturales del Parque Nacional Darién, como la trascendental decisión oficial de 1996 de declarar el área como reserva minera, lo que elimina por completo esta actividad industrial dentro del parque. Anteriormente, en un cambio histórico en la política oficial del Estado panameño, el Gobierno Nacional decidió oficialmente desde el año de 1995 suspender indefinidamente la posible construcción de una carretera entre Panamá y Colombia, lo que se consideraba como la principal amenaza para el futuro de este espacio protegido por parte de la comunidad conservacionista nacional e internacional.

area and which can be visited with permission from the park administration.

Since 1993, the National Association for Nature Conservation, ANCON (tel. (507) 264-8100) (http:@www.ancon.org) runs Cana Environmental Centre and Scientific Station (Centro Ambiental y Estación Científica Cana) at the facilities of the famous and historic Espíritu Santo (or Cana) Mines, which this environmental organisation acquired with a view to conserving them. The Cana area, located in the heart of the park, is considered to be one of the ten most important birdwatching sites in the world, and can be visited by making an advance reservation with ANCON for the one-hour flight by private plane from Panama City.

In Cana, it is easy to see the four species of macaw from eastern Panama: the green macaw *(Ara ambigua)*, blue and yellow *(Ara ararauna)*, red and green *(Ara chloroptera)* and, the smallest of all, the chestnut-fronted macaw *(Ara severa)*. Ornithologists from all over the world arrive in small groups to stay in the exclusive but rudimentary scientific station in order to see the macaws, the golden-headed-quetzal *(Pharomachrus auriceps)*, the black-tipped cotinga, also known as the 'ave del Espíritu Santo' *(Carpodectes hopkei)*, the wary rufous-vented ground-cuckoo *(Neomorphus geoffroyi salvini)* and over 350 other bird species that share the area adjacent to the scientific station with herds of white-lipped peccaries *(Tayassu pecari)*, troops of the all-black form of the brown-headed spider monkey *(Ateles fusciceps)* and many other threatened or endangered mammal species that can often be seen on the many nature trails that are kept open all year round in Cana.

The Government of Panama recently took some important steps to strengthen and guarantee conservation of biodiversity and natural resources in Darién National Park. One example is the extraordinary official decision in 1996 to declare the area off-limits to mining, thus completely eliminating this industrial activity from the park's interior. Prior to that, in an historic change in the official policy of the Panamanian State, the national government officially decided from 1995 to suspend indefinitely the possible building of a highway between Panama and Colombia, which the national and international conservation communities regarded as the main threat to the future of this protected area.

El rico mosaico etno-cultural del Darién con sus tradiciones y ancestrales culturas enriquece este sitio del Patrimonio Mundial.

The Darién's rich ethno-cultural mosaic, with its traditions and ancestral cultures, enriches this World Heritage site.

FRENTE A LAS COSTAS DE PUNTA PATIÑO SE ALZA ESTE islote en el que nidifican numerosas aves marinas. Arriba, el espinoso tronco del tachuelo.

THIS ISLAND LIES OFF THE COASTS OF Punta Patiño, where many seabirds nest. Above, the spiny trunk of the prickly yellow tree.

RESERVA NATURAL PUNTA PATIÑO

LAS 30.000 HECTÁREAS que abarca la Reserva Natural Punta Patiño comprenden más de 37 kilómetros de preciosas costas sobre las tranquilas aguas del Pacífico darienita, en el sector sureste del histórico golfo de San Miguel. Desde esos profundos y serenos parajes costeros, la reserva se levanta por los filos y bosques de la cordillera de Bernal hasta alcanzar su punto más alto y su límite sureste en las faldas de la serranía de Bagre, donde se inicia el corredor biológico del mismo nombre que conecta los diversos ecosistemas de Punta Patiño con los aún más variados del Parque Nacional Darién.

La espectacular zona costera de Punta Patiño se extiende desde los manglares del río Mogocénega, en el área noreste de la reserva, hasta el estero de Metezuana, en su extremo suroeste, pasando por los extensos manglares y lagunas del río Mogue, las exóticas playas de arena negra de Patiño, los escarpados acantilados de la punta y el morro de Patiño y las playas de arenas blancas sobre la ensenada de Garachiné.

Establecida en 1992, cuando la Asociación Nacional para la Conservación de la Naturaleza (ANCON) adquirió la propiedad para conservarla, la importancia de los ecosistemas costeros de Punta Patiño fueron reconocidos internacionalmente el 7 de octubre de 1993 al ser inscrita formalmente en la Lista de las Zonas Húmedas de la Convención de RAMSAR, que incluye los humedales y áreas costeras de importancia mundial.

Fue muy cerca de Patiño, del otro lado del golfo de San Miguel, en el área conocida como Río Congo, donde en 1513 Vasco Núñez de Balboa se convirtió en el primer europeo en llegar al océano Pacífico, cuando lo reclamó para los reyes de España tras su célebre expedición a través de las montañas desde el Caribe panameño.

El clima de Patiño se caracteriza por una precipitación anual que oscila entre los 1.300 mm y los 1.500 mm, con temperatu-

PUNTA PATIÑO NATURE RESERVE

THE 30,000 HECTARES that make up Punta Patiño Nature Reserve include over 37 kilometres of beautiful coasts at the edge of the tranquil waters of the Pacific in the south-eastern part of the historic San Miguel Gulf. From these serene extensive coastal landscapes, the reserve rises along the ridges and forests of the Cordillera de Bernal. There it reaches its highest point and its southeastern limit on the lower slopes of the Serranía de Bagre at the beginning of the biological corridor of the same name that connects the various ecosystems of Punta Patiño with the even more varied ecosystems of Darién National Park.

The spectacular coastal area of Punta Patiño stretches from the mangrove swamps of the River Mogocénega in the north-eastern part of the reserve to the Metezuana Swamp at the southeastern end, passing through the extensive mangrove areas and lagoons of the River Mogue, the exotic black-sand beaches of Patiño, the steep cliffs of the Patiño Point and the white-sand beaches on the Garachiné swamp.

Established in 1992, when the National Association for Nature Conservation (ANCON) took over ownership with a view to its conservation, the importance of the coastal ecosystems of Punta Patiño was recognised internationally on October 7, 1993, when they were formally included on the RAMSAR Convention List of Wetland Sites of International Importance.

Very close to Patiño, on the other side of the San Miguel Gulf in the area known as Río Congo, Vasco Núñez de Balboa became, in 1513, the first European to reach the Pacific Ocean, when he claimed it for the Queen and King of Spain following his celebrated expedition across the mountains from the Panamanian side of the Caribbean.

The climate in Patiño is characterised by annual precipitation that ranges between 1,300 mm and 1,500 mm, with average monthly temperatures of 27° C. The land consists of two

PUNTA PATIÑO, CON 30.000 HECTÁREAS, ESTÁ INCLUIDA en la Lista de Zonas Húmedas de Importancia Internacional de la Convención de Ramsar.

PUNTA PATIÑO'S 30,000 HECTARES ARE included on the Ramsar Convention's List of Wetlands of International Importance.

Los manglares del río Mogue (derecha) son fundamentales para el desarrollo de los ecosistemas marinos.
A la izquierda, el interior de la selva y, arriba, una bejuquilla camuflada entre la vegetación.

The mangrove swamps of the River Mogue (right) are crucial for the development of the marine ecosystems.
Left, the interior of the jungle.
Above, a 'bejuquilla' snake camouflaged among the vegetation.

Los extensos manglares de la Reserva de Punta Patiño, con impresionantes árboles, representan el 2% de todos los manglares de Panamá.

The extensive mangrove swamps of Punta Patiño Reserve, with their impressive trees, represent 2% of all the mangrove swamps in Panama.

ras medias mensuales de 27° C. El terreno presenta dos valles fluviales bien definidos que rodean el río Mogue y el estero de Patiño, y desde el nivel del mar hasta los 400 metros de altitud se suceden manglares, lagunas, tierras bajas e inundadas en el área costera, planicies litorales, colinas y llanuras, cerros bajos, montañas bajas y montañas medias.

Los extensos manglares de Mogue y del propio estero de Patiño dentro de la reserva, que representan el 2% de todos los manglares de Panamá, contienen impresionantes árboles con sus características raíces aéreas que se elevan hasta 25 metros de altura, presentando espectaculares paisajes que se pueden recorrer cómodamente en bote. Las comunidades de manglares están formadas principalmente por el mangle rojo *(Rhizophora mangle)*, el mangle blanco *(Laguncularia racemosa)*, el mangle piñuelo *(Pelliciera rhizophorae)* y el mangle negro *(Avicennia germinans)*, constituyendo un importante recurso económico del que dependen miles de pescadores artesanales locales y pescadores comerciales a nivel nacional.

Los camarones son especialmente abundantes en las zonas marinas adyacentes a la reserva, donde destaca la pesca de la especie *Pennaeus occidentalis* que a lo largo de las costas del Darién produce el 80% del valor de las considerables exportaciones de camarones que realiza anualmente el país y que superan los US $45 millones al año. Esta especie depende directamente de los manglares y estuarios de la región durante su etapa juvenil, por lo que la conservación de los manglares de Patiño y de sus alrededores es de una gran importancia económica para Panamá.

En el golfo de San Miguel es frecuente observar bandadas de delfines mulares *(Tursiops truncatus)* con sus crías nadando en las aguas normalmente tranquilas de esta entrada natural, la más prominente de las costas del Darién. Los acantilados volcánicos en la punta Patiño son utilizados como lugar de nidificación y descanso por una gran colonia de miles de pelícanos pardos *(Pelecanus occidentalis)*, que se pueden observar casi todo el año (especialmente en la época lluviosa, entre mayo y diciembre) durante el día en las aguas circundantes, volando en extensas formaciones a ras del mar y lanzándose en picado para capturar sus presas.

well-defined river valleys surrounding the River Mogue and the Patiño swamp, and from sea level to 400 metres there are mangrove swamps, lagoons, flooded coastal lowland areas, coastal plains, hills and plains, low hills and low and medium-sized mountains.

In the extensive mangrove swamps of Mogue and of the Patiño swamp itself within the reserve (which has 2% of all the mangrove areas in Panama) there are impressive trees with characteristic aerial roots rising to 25 metres high, creating spectacular landscapes that can be visited comfortably by boat. The mangrove communities are mainly made up of red mangrove *(Rhizophora mangle)*, white mangrove *(Laguncularia racemosa)*, tea mangrove *(Pelliciera rhizophorae)* and black mangrove *(Avicennia germinans)*. They constitute an important economic resource on which thousands of local and national commercial fishermen depend.

The shrimps are particularly abundant in the marine areas adjacent to the reserve, where fishing for *Pennaeus occidentalis* is especially important. Along the coasts of Darién this species represents 80% of the value of Panama's considerable shrimp exports that amount to over US $45 million a year. This species depends directly on the region's mangroves and estuaries during its juvenile stage. Therefore, conserving the Patiño mangroves and the surrounding area is of great economic importance to the country.

In the San Miguel Gulf, schools of bottlenose dolphins *(Tursiops truncatus)* can often be seen with their young swimming in the usually calm waters of this natural inlet, the most prominent on the coasts of Darién. The volcanic cliffs at Patiño Point are used as a nesting and roosting area by a large colony of thousands of brown pelicans *(Pelecanus occidentalis)*, which can be seen almost all year round (especially in the rainy season between May and December) during the day in the surrounding waters, skimming over the surface of the water in wide formations and plummeting into it to catch their prey.

Opposite these cliffs, it is also possible to see magnificent frigate birds *(Fregata magnificens)*, and many colonies of Neotropic cormorants *(Phalacrocorax olivaceus)*. The la-

La desembocadura del estero de Patiño y el resto de la costa de esta reserva natural, es de una increíble variedad y belleza.

The mouth of Patiño swamp and the rest of the coast of this nature reserve are incredibly varied and beautiful.

En las orillas de las quebradas y lagunas es fácil observar a los babillos y a los cocodrilos (arriba). A la derecha, las raíces aéreas del manglar.

On the banks of the streams and lagoons, it is easy to spot caimans and crocodiles (above). Right, the aerial roots of the mangrove.

Frente a estos acantilados se pueden observar también ejemplares majestuosos de tijeretas o aves fragatas *(Fregata magnificens)*, así como numerosas colonias de paticuervos o cormoranes neotropicales *(Phalacrocorax olivaceus)*. Las lagunas y manglares de la playa Patiño albergan numerosos ejemplares adultos y juveniles del gavilán manglero o guapipe *(Buteogallus subtilis)*, así como decenas de grullos o cigüeñas *(Mycteria americana)* que se pueden observar con facilidad. A las águilas pescadoras *(Pandion haliaetus)* se las ve pescar con frecuencia en el área, así como al formidable halcón peregrino *(Falco peregrinus)*, que caza y se alimenta de aves costeras durante los meses secos de verano (diciembre a marzo).

Frente a la playa de Patiño existe además uno de los principales lamatales del Darién, un lugar excelente para la observación de las aves playeras y marinas prácticamente durante todo el año, entre las que no falta la llamativa espátula rosada *(Ajaia ajaja)*. En los lodos y las suaves arenas de estas playas abundan almejas *(Domax* sp.), cangrejos *(Emerita* sp., *Ocypode* sp.) y lombrices de mar *(Polichaeta* sp.), mientras que las playas de arenas blancas de la ensenada de Garachiné son un lugar de nidificación de las tortugas marinas, entre las que destacan la mundialmente amenazada tortuga carey *(Eretmochelys imbricata)* y la enorme tortuga baula *(Dermochelys coriacea)*.

En la parte terrestre de la reserva, los manglares y las pequeñas manchas de cativo *(Prioria copaifera)* son sustituidas inicialmente por bosques húmedos premontanos, uno de los menos comunes en Panamá, que constituyen un elemento de transición entre los bosques secos tropicales y los bosques húmedos tropicales. Cerca de la playa principal se localizan extensos cocotales *(Cocos nucifera)*, que son aprovechados por los

moradores del área. Las zonas de mayor altura en la Reserva Natural Punta Patiño están a su vez cubiertas por bosques húmedos tropicales.

En las extensas selvas de la reserva sobresalen los enormes árboles de cuipo *(Cavanillesia platanifolia)* que destacan sobre el dosel forestal. El árbol Panamá *(Sterculia apetala)*, con ejemplares de gran tamaño, y el cedro espino *(Bombacopsis quinata)*, que se encuentra cada vez más amenazado a nivel nacional, son también muy comunes. En los bosques de la reserva se han identificado 43 especies de fauna amenazadas, o en vías de extinción o protegidas por ley, entre ellas el perrito de monte *(Speothos venaticus)*. En las áreas pantanosas es fácil encontrarse con grupos de adultos, crías y jóvenes del conejo poncho

goons and mangroves of Patiño Beach are home to many adult and juvenile mangrove black-hawk *(Buteogallus subtilis)* as well as dozens of wood storks *(Mycteria americana)*, which are easy to see. Ospreys *(Pandion haliaetus)* can often be seen fishing in the area, as can the formidable peregrine falcon *(Falco peregrinus)*, which hunts and feeds on coastal birds in the dry summer months (December to March).

One of Darién's main marshes lamatales is located off Patiño Beach. It is an excellent place to watch shore and sea birds, including the striking roseate spoonbill *(Ajaia ajaja)* which is there virtually all year round. In the muds and soft sands of these beaches there are lots of clams *(Domax* sp.), crabs *(Emerita* sp., *Ocypode* sp.) and polichaetes *(Polichaeta* sp.), while the white-sand beaches of the Garachiné swamp are a nesting area for sea turtles, including the noteworthy hawksbill turtle *(Eretmochelys imbricata)* which is globally endangered, and the huge leatherback turtle *(Dermochelys coriacea)*.

In the terrestrial part of the reserve, mangroves and small patches of 'cativo' *(Prioria copaifera)* are initially substituted by moist premontane forests, one of the least common in Panama, which are a transition feature between dry tropical forests and moist tropical forests. Close to the main beach there are extensive coconut groves *(Cocos nucifera)* that are exploited by the area's inhabitants. The highest parts of Patiño Point Nature Reserve are covered in moist tropical forest.

In the reserve's extensive forests, the huge 'cuipo' trees *(Cavanillesia platanifolia)* stand out above the forest canopy. There are large examples of the species Panama wood *(Sterculia apetala)*, and the spiny cedar *(Bombacopsis quinata)*, which is increasingly threatened nationally, is also very common. In the reserve's forests, 43 species of threatened, endangered or legally protected animals have been recorded, including the bush dog *(Speothos venaticus)*. In the marshy areas, it is easy to come across groups of

El mono tití (arriba) es relativamente abundante en Punta Patiño. A la izquierda, palmeras y un cuipo en las proximidades de la costa pacífica.

Geoffroy's tamarin (above) is relatively abundant in Punta Patiño. Left, palm trees and a 'cuipo' near the Pacific coast.

LAS IMPRESIONANTES RAÍCES Y BASE DEL TRONCO de un espectacular ejemplar de ceiba en la reserva natural.

THE IMPRESSIVE ROOTS AND BASE OF the trunk of a spectacular silk cotton tree in the nature reserve.

(Hydrochaeris hydrochaeris), el mayor roedor del mundo, originario de América del Sur y que encuentra en Panamá su límite norte de distribución.

Dado que hasta hace apenas unos 30 años una tercera parte de la reserva fue utilizada como un hato ganadero, existe una gran cantidad de bosques secundarios y en recuperación, dominados por árboles de guarumo *(Cecropia* sp.), guácimo *(Guazuma ulmifolia)*, arbusto de cachitos *(Acacia collinsii)* e indio desnudo *(Bursera simaruba)*, con su característica corteza descascarillada. En estas áreas es común la presencia de la tarántula negra *(Mygalarachne communis)*, una espectacular araña de gran tamaño que ocupa un lugar preminente en las narraciones y leyendas de las poblaciones autóctonas.

En los numerosos senderos naturales de Patiño es fácil observar al escurridizo gato negro *(Eira barbara)* o a inquietos grupos de monos tití *(Saguinus geoffroyi)* y en las orillas de las quebradas y lagunas a babillos *(Caiman crocodilus)* y cocodrilos *(Crocodylus acutus)*. Numerosas especies de murciélagos, de las 122 censadas en el país (lo que supone el 10% de las censadas para el mundo entero) se encuentran igualmente en Patiño, entre ellas el enorme vampiro spectrum o falso vampiro *(Vampyrum spectrum)*, el más grande de Panamá, con alas que alcanzan casi un metro de envergadura. El halcón cazamurciélagos *(Falco rufigularis)* se observa con frecuencia al alba y al atardecer en las costas de la reserva, con su vuelo rápido y singular. También es relativamente sencillo ver al cuclillo acanelado *(Coccyzus lansbergi)*, al abundante hormiguero ventriblanco *(Myrmeciza longipes panamensis)*, al saltarín cuellidorado *(Manacus vitellinus)* y al espectacular halcón reidor *(Herpetotheres cachinnans)* con su inconfundible canto, que se alimenta principalmente de culebras. Dentro de la reserva se localiza la comunidad Emberá de Mogue, que ocupa las márgenes y el valle del río del mismo nombre. Muy cerca se encuentra también la comunidad tradicional de La Chunga, accesible en bote desde Patiño por la boca del río Sambú y que se distingue por sus bailes tradicionales y por la venta de artesanías confeccionadas con tejidos de fibras vegetales (*Astrocaryum standleyanum* y *Cardulovica palmata)*, con el denominado marfil vegetal o tagua *(Phytelephas seemannii)* y con la madera del cocobolo *(Dalbergia rettusa)*.

También se encuentran en las cercanías de la reserva las comunidades de Punta Alegre, un pintoresco pueblo afro-darienita de pescadores ubicado en la punta del mismo nombre, y la comunidad campesina de Mogocénega. A La Palma, capital de la provincia de Darién, se accede en piragua desde Punta Patiño, pero se requiere un auto en Puerto Quimba para llegar a Metetí, el principal asentamiento humano junto a la carretera.

La Reserva Natural Punta Patiño es la reserva privada más importante del país y está manejada por ANCON en colaboración con la Autoridad Nacional del Ambiente (ANAM).

ANCON ofrece cursos básicos de biología tropical para investigadores y estudiantes panameños y extranjeros en el Centro Ambiental que mantiene en la reserva desde 1995, y que consta de una amplia estación de campo, 10 cabañas rústicas con servicio de agua y luz eléctrica, facilidades administrativas y botes y equipos básicos. Para visitas privadas o en grupo se puede llegar con facilidad a Punta Patiño en vuelo comercial a La Palma (y luego trasbordo en piragua) o en vuelo comercial privado de 45 minutos desde la ciudad de Panamá, previa reserva con ANCON (tel. (507) 264-8100) (http:www.ancon.org).

adults, juveniles and young capybara *(Hydrochaeris hydrochaeris)*, the biggest rodent in the world and originally from South America, for which Panama is the northernmost limit of its range.

Given that until barely 30 years ago a third of the reserve was used as a cattle ranch, there is a lot of secondary and recovering forest, with a predominance of 'guarumo' *(Cecropia* sp.), bastard cedar *(Guazuma ulmifolia)*, swollen thorn acacia *(Acacia collinsii)* and gumbo-limbo *(Bursera simaruba)*, with its characteristic flaking bark. The black tarantula *(Mygalarachne communis)* is found in these areas. This spectacular large spider occupies a pre-eminent place in the stories and legends of the native peoples.

On the many nature trails in Patiño, it is easy to see the wary tayra *(Eira barbara)* or restless groups of Geoffroy's tamarin *(Saguinus geoffroyi)* and caimans *(Caiman crocodilus)* and crocodiles *(Crocodylus acutus)* on the banks of the streams and lagoons. Many of the 122 recorded bat species in Panama (representing 10% of recorded species world-wide) also live in Patiño. They include the enormous false vampire bat *(Vampyrum spectrum)*, the largest in Panama, with a wingspan of up to a metre. The bat falcon *(Falco rufigularis)* can often be seen at dawn and dusk on the reserve's coasts, with its extraordinary quick flight. It is also relatively easy to see the gray-capped cuckoo *(Coccyzus lansbergi)*, the abundant white-bellied antbird *(Myrmeciza longipes panamensis)*, the golden-collared manakin *(Manacus vitellinus)* and the spectacular laughing falcon *(Herpetotheres cachinnans)*, which has an unmistakable call and feeds mainly on snakes.

Mogue's Emberá community lies within the reserve, occupying the margins and valleys of the river of the same name. Very close by, there is also the traditional community of La Chunga, which is accessible by boat from Patiño along the mouth of the River Sambú. Distinguishing features of this community are its traditional dances and the sale of handicrafts made from natural plant fibres (*Astrocaryum standleyanum* and *Cardulovica palmata)*, with the so-called marble plant or "tagua" *(Phytelephas seemannii)*, and with wood from the rosewood *(Dalbergia rettusa)*.

Also close to the reserve are the communities of Punta Alegre, a picturesque Afro-Darién fishing town situated on the point of the same name, and the rural community of Mogocénega. La Palma, capital of Darién Province, can be reached by canoe from Patiño Point, but one needs a car in Puerto Quimba to get to Meteti, the main settlement next to the highway.

Punta Patiño Nature Reserve is the most important private reserve in the country and is managed by ANCON in conjunction with the Autoridad Nacional del Ambiente (ANAM)

ANCON offers basic courses in tropical biology for researchers and students from Panama and abroad in the Environmental Centre that has existed in the reserve since 1995, and which consists of a large field station, 10 rustic cabins with water and electric light, administrative facilities, boats and basic equipment.

Private or group visits need to be booked in advance through ANCON (tel. (507) 264-8100) (http:www.ancon.org). It is easy to reach Patiño Point on a commercial flight to La Palma (and then by canoe) or on a 45-minute private commercial flight from Panama City.

SOBRE ESTAS LÍNEAS, EL PERFECTO CAMUFLAJE DE UN saltamontes y uno de los numerosos anfibios que viven en el manglar.

ABOVE, THE PERFECT CAMOUFLAGE OF THE grasshopper, and one of the many amphibians that live in the mangrove swamp.

La Serranía de Bagre (derecha) es un pasillo biológico que une el Parque Nacional Darién y la Reserva Natural Punta Patiño. Arriba, un ejemplar de cedro espino.

The Serranía de Bagre (right) is a biological corridor joining Darién National Park and Punta Patiño Nature Reserve. Above, a spiny cedar.

Corredor Biológico de la Serranía de Bagre

El Corredor Biológico de la Serranía de Bagre es como un conducto natural que une el Parque Nacional Darién con la Reserva Natural Punta Patiño, garantizando el flujo ininterrumpido de especies entre ambas áreas protegidas y la continuidad de los procesos ecológicos que aseguran la permanencia de la alta biodiversidad que caracteriza a la región.

Sus 30.000 hectáreas de bosques húmedos tropicales, bosques muy húmedos tropicales y bosques muy húmedos premontanos, cubren las escarpadas laderas y los filos principales

Serranía de Bagre Biological Corridor

The Serranía de Bagre Biological Corridor is like a natural conduit joining Darién National Park and Punta Patiño Natural Reserve, guaranteeing the uninterrupted flow of species between both protected areas and the continuity of the ecological processes that ensure the survival of the high biodiversity that is a feature of the region.

Its 30,000 hectares of moist and very moist tropical forests and of very moist premontane forests cover the steep slopes and the main ridges of the Serranía de Bagre, thereby protect-

Arriba, un aspecto del bosque húmedo tropical. A la izquierda, un ejemplar de saíno, uno de los mamíferos que más fácilmente pueden ser observados en el área protegida.

Above, a moist tropical forest. Left, a collared peccary, one of the most easily observable mammals in the protected area.

El ñeque (arriba) es una especie común en la Serranía de Bagre.
A la izquierda, la guacamaya azul y amarilla y una pareja de insectos.
A la derecha, uno de los muchos arroyos que salpican estas hectáreas protegidas.

The agouti (above) is a common species in the Serranía de Bagre.
Left, the blue and yellow macaw and a pair of insects.
Right, one of the many streams scattered over this protected land.

de la Serranía de Bagre, protegiendo, entre otros, los nacimientos y cabeceras del río Marea, afluente del Tuira, y del río Balsas.

Además de su gran importancia biológica y económica como corredor natural y como reserva hidrológica, los bosques de la Serranía de Bagre poseen una excepcional belleza natural. En ellos destacan ejemplares de caoba *(Swietenia macrophylla)*, especie considerada en vías de extinción a nivel nacional e internacional, que ha sido saqueada de los bosques por el gran valor de su madera, así como de espavé *(Anacardium excelsum)*, árbol de gran importancia para los moradores autóctonos del Darién por su utilización tradicional en la construcción de botes. Los frutos del espavé sirven además de alimento a diversas especies de monos y murciélagos que se encuentran en la región, incluyendo al mono cariblanco *(Cebus capucinus)* y a las ruidosas bandadas de monos aulladores *(Allouatta palliata)* que hacen retumbar las serranías del Darién con sus fortísimos alaridos.

Dentro del área del Bagre se observan corpulentos árboles de ceiba *(Ceiba pentandra)*, cuyas semillas sirven de alimento a loros y guacamayas y su algodón es utilizado en las cervatanas de los indígenas de la región. En el corredor es frecuente ver parejas en vuelo de la preciosa guacamaya azul y amarilla *(Ara ararauna)*, oriunda de América del Sur, que encuentra en el Darién panameño su límite de distribución más al norte. Las cumbres de esta serranía de origen volcánico, de difícil acceso y terreno quebrado, albergan poblaciones importantes de pavón *(Crax rubra)* y en ellas se ve volar también a las bulliciosas bandadas de cazangas o loros cabeciazules *(Pionus menstruus rubrigularis)*, loras frentirrojas *(Amazona autumnalis salvinis)* y a

ing the sources and headwaters of both the River Marea, which is a tributary of the Tuira, and of the River Balsas.

Besides their great biological and economic importance as a natural corridor and hydrological reserve, the forests of the Serranía de Bagre are exceptionally beautiful. They contain noteworthy examples of certain trees, such as mahogany *(Swietenia macrophylla)*, a species considered to be endangered nationally and internationally and which has been plundered from the forests for the great value of its wood, and the espave *(Anacardium excelsum)*, an important tree for the native inhabitants of Darién because of its traditional use in boat building. The fruits of the espave also serve as food for various species of monkeys and bats living in the region, including the white-throated capuchin *(Cebus capucinus)* and the noisy groups of mantled howler monkeys *(Allouatta palliata)* that make the hills of Darién resound with their extremely loud calls.

Stout silk cotton trees *(Ceiba pentandra)* are also found in the El Bagre area. Their seeds serve as food for parrots and macaws and their cotton is used in native blowpipes. In the corridor, pairs of pretty South American blue and yellow macaws *(Ara ararauna)* can often be seen in flight, the Panamanian part of Darién being the northern limit of their distribution area. The peaks of

ADEMÁS DE SU IMPORTANCIA BIOLÓGICA Y ECONÓMICA LAS SELVAS DE la Serranía de Bagre (izquierda) poseen una excepcional belleza natural. A la derecha, la rana venenosa *Dendrobates auratus.*

BESIDES THEIR BIOLOGICAL AND ECONOMIC IMPORTANCE, the jungles of the Serranía de Bagre (left) are extraordinarily beautiful. Right, the poisonous frog *Dendrobates auratus.*

Arriba, una de las flores que nacen en estas selvas. A la derecha, un coleóptero forestal.

Above, jungle flower. Right, a forest beetle.

la más grande de las loras del país, la inconfundible amazona harinoso *(Amazona farinosa inornata)*.

El corredor comparte su límite oeste con una extensa sección del límite este de la comarca Emberá, sección Sambú (No. 2). De esta forma, la reserva biológica contribuye en forma decisiva a fortalecer la integridad y consolidación en el terreno de este importante territorio indígena autónomo, reduciendo la posibilidad de que dicha comarca sea afectada por los problemas de colonización campesina y de destrucción de hábitats que tan frecuentes son en el Darién.

A pesar de no ser áreas de estricta protección ambiental, las dos secciones de la comarca Emberá conservan importantes extensiones de bosques y ecosistemas en su estado natural que complementan de manera significativa el conjunto de reservas naturales Darién-Punta Patiño-Serranía de Bagre. El corredor biológico se convierte también en una importante reserva genética permanente para las numerosas especies de flora y fauna con importancia económica y cultural para el pueblo Emberá, incluyendo, entre otras, el venado cola blanca *(Odocoileus virginianus)*, el conejo pintado *(Agouti paca)*, el saino *(Tayassu tajacu)* y el ñeque *(Dasyprocta punctata)*.

El Corredor Biológico de la Serranía de Bagre es un área natural de muy difícil acceso, debido a su escarpada y quebrada topografía y a su lejanía e inaccesibilidad desde áreas pobladas o vías de comunicación. La población más cercana es La Palma, capital de la provincia del Darién, desde donde es posible llegar al corredor navegando en piragua río arriba por el Tuira, para continuar ascendiendo por el río Marea y caminar hasta las cumbres de la Serranía de Bagre. También, se puede llegar a este corredor natural a través de la Reserva Natural Punta Patiño, con la que limita en su extremo norte.

La administración de este corredor biológico es responsabilidad de la Dirección Nacional de Áreas Protegidas y Vida Silvestre del ANAM (tel. (507) 232-7228) (diraprot@ns.inrenare.stri.si.edu), en la que se puede solicitar una mayor información sobre el área.

this rough and inaccessible volcanic range are home to important populations of great curassow *(Crax rubra)*. Boisterous flocks of blue-headed parrot *(Pionus menstruus rubrigularis)*, red-lored amazon *(Amazona autumnalis salvinis)* and the biggest parrots in the country, the unmistakable mealy amazon *(Amazona farinosa inornata)* can also be seen flying around.

The corridor shares its western boundary with a broad section of the eastern boundary of the Emberá district, Sambú section (No. 2). The biological reserve thus makes a decisive contribution to strengthening the integrity and consolidation *in situ* of this important autonomous native territory, lessening the possibility of the above-mentioned district being affected by the problems of rural colonisation and habitat destruction that are so frequent in Darién.

Despite not being strictly protected environmental areas, the two sections of the Emberá district conserve important stretches of forests and ecosystems in their natural state that significantly complement the Darién-Punta Patiño-Serranía de Bagre group of natural reserves. The biological corridor is also an important permanent genetic reserve for the many plant and animal species of economic and cultural importance to the Emberá people, including the white-tailed deer *(Odocoileus virginianus)*, paca *(Agouti paca)*, collared peccary *(Tayassu tajacu)* and agouti *(Dasyprocta punctata)*.

Serranía de Bagre Biological Corridor is a natural area that is very difficult to get to due to its steep, rough terrain and to the fact that it is far from inhabited areas or communication routes. The nearest population is La Palma, capital of Darién Province, from where it is possible to get to the corridor by canoe up the Tuira River, continuing up the River Marea and then on foot to the peaks of the Serranía de Bagre. It is also possible to reach this reserve across Punta Patiño Natural Reserve, which borders its northern end.

The National Board for Protected Areas and Wildlife of ANAM (tel. (507) 232-7228) (diraprot@ns.inrenare.stri.si.edu) is responsible for the managing of this biological corridor, and can provide further information on the area.

El mundo de los invertebrados (izquierda) está perfectamente representado en la Serranía de Bagre. Arriba, la inconfundible lora frentirroja.

The world of invertebrates (left) is more than well represented in the Serranía de Bagre. Above, the unmistakable red-lored amazon.

A LA DERECHA, LA DIVERSIDAD VEGETAL Y BELLEZA DE LOS bosques húmedos tropicales. Arriba, la espectacular flor de la Pasión.

RIGHT, THE DIVERSITY OF PLANT LIFE AND beauty of the moist tropical forests. Above, the spectacular Passion flower.

RESERVA FORESTAL CANGLÓN

La Reserva Forestal Canglón comprende 31.650 hectáreas de bosques de tierras bajas, fuertemente intervenidos, en la zona del mismo nombre, en la provincia del Darién. A pesar del impacto de la deforestación, la reserva aún conserva rasgos de los bosques tropicales de tierras bajas típicos del área, así como de una pequeña sección de la gran laguna de Matusagarantí, comunidad natural única en el país que incluye extensos humedales inundables en los márgenes del río Tuira, el más largo y caudaloso de Panamá.

RESERVA HIDROLÓGICA SERRANÍA FILO DEL TALLO

La Reserva Hidrológica Serranía Filo del Tallo protege 24.722 hectáreas de bosques húmedos tropicales en esta histórica serranía del Darién, recorrida por Vasco Núñez de Balboa en 1513 en su travesía hacia el aún desconocido Mar del Sur, que el propio Balboa bautizó como océano Pacífico.

La enorme presión humana y la deforestación que han afectado dramáticamente en los últimos años al área de influencia de la carretera Panamericana en Darién, han causado la pérdida de la gran mayoría de los bosques y comunidades naturales de esta zona. La Serranía Filo del Tallo no sólo preserva importantes rasgos remanentes de los cada vez más amenazados bosques y de la fauna de la región, sino que protege las cabeceras y nacimientos de los ríos Iglesias, Punuloso, Metetí, Portuchao, Nicanor, Sansón y Quebrada Félix, que a su vez abastecen los acueductos y son de vital importancia para las principales comunidades del área.

CANGLÓN FOREST RESERVE

Canglón Forest Reserve covers 31,650 hectares of highly disturbed lowland forest in the area of the same name in Darién Province. Despite the impact of deforestation, the reserve still conserves features of the lowland tropical forests typical of the area, as well as of a small section of the great lagoon of Matusagarantí, a natural community unique in the country and which includes extensive flooded wetlands on the margins of the River Tuira, the longest and mightiest in Panama.

SERRANÍA FILO DEL TALLO HYDROLOGICAL RESERVE

Serranía Filo del Tallo (Filo del Tallo Mountains) Hydrological Reserve protects 24,722 hectares of moist tropical forest in this historic mountain range in Darién. Vasco Núñez de Balboa crossed these mountains in 1513 on his way to the then unknown Southern Sea, which he himself named the Pacific Ocean.

The enormous human pressure and the deforestation that have over recent years dramatically affected the hinterland of the Pan-American Highway in Darién have caused the loss of the vast majority of the area's forests and natural communities. The Serranía Filo del Tallo not only preserves important remnant features of the region's increasingly threatened forests and animal life, it also protects the sources and headwaters of the Rivers Iglesias, Punuloso, Metetí, Portuchao, Nicanor, Sansón and Quebrada Félix, which in turn, feed the water supply and are of vital importance for the main communities in the area.

Numerosos cursos de agua salpican la Reserva Hidrológica Serranía Filo del Tallo, originando los principales ríos de la zona.

The many water courses scattered across the Serranía Filo del Tallo Hydrological Reserve give rise to the area's main rivers.

La Cuenca del Canal

La cuenca hidrográfica del Canal de Panamá se extiende sobre 326.000 hectáreas de territorio panameño. Entre los numerosos espacios protegidos que contiene destaca por su importancia el Parque Nacional Chagres, con el río que le da su nombre.

The hydrographic basin of the Panama Canal extends over 326,000 hectares of Panamanian territory. Among the many protected natural areas located in the basin, Chagres National Park, with the river after which it is named, is of outstanding importance.

A LA DERECHA, UNA DE LAS POZAS DE AGUA QUE salpican los ríos de este parque nacional. Arriba, un arácnido tejiendo su red.

RIGHT, ONE OF THE POOLS DOTTED around this national park. Above, a spider spinning a web.

Parque Nacional Chagres

LAS 129.000 HECTÁREAS de bosques del Parque Nacional Chagres producen no sólo más del 40% del agua que requiere el Canal de Panamá para su funcionamiento, sino también toda el agua potable que se consume en las zonas metropolitanas de Panamá y Colón, los dos centros urbanos más importantes de la República, que concentran al 50% de la población nacional.

La enorme importancia económica del Chagres es sólo superada por la extraordinaria diversidad biológica que alberga y la belleza escénica de sus paisajes, que se extienden desde el lago Alajuela, aguas arriba, a lo largo del histórico rio Chagres, hasta las alturas de Cerro Jefe (con 1.007 metros sobre el nivel del mar) y Cerro Azul (771 metros de altitud), desde cuyas cimas, en la cintura angosta del Istmo, se observan espectaculares vistas panorámicas de la ciudad de Panamá, de la cuenca del Canal y con bastante frecuencia, de ambos océanos simultáneamente.

Desde los valles fluviales hasta las escarpadas laderas y promontorios de las cordilleras volcánicas del parque se observan bosques húmedos tropicales, muy húmedos premontanos, muy húmedos tropicales y bosques pluviales premontanos característicos de aquellas áreas de clima fresco y alta precipitación de los filos y montañas más altos de la reserva. Cerro Brewster (899 m), ubicado en la divisoria continental en el extremo este del parque, y Cerro Bruja (979 m), también ubicado en la divisoria continental más en el sector norte de la reserva, se destacan en la topografía del parque, cuyo terreno es dominado por pendientes superiores a los 45 grados y por zonas quebradas y montañosas.

La altitud del parque oscila entre los 60 metros sobre el nivel del mar y los 1.007 metros que alcanza su punto más alto, el Cerro Jefe. El clima refleja la variada topografía del área

Chagres National Park

The 129,000 hectares of forests in Chagres National Park not only produce over 40% of the water needed for the Panama Canal, but also all the drinking water that is consumed in the metropolitan areas of Panama and Colón, the two largest urban centres in the Republic, where 50% of the country's population live. The enormous economic importance of Chagres is only exceeded by the extraordinary biological diversity it contains and the scenic beauty of its landscapes, which extend from Lake Alajuela up and along the historic River Chagres to the heights of Cerro Jefe (1,007 metres above sea level) and Cerro Azul (771 metres high), from the tops of which, on the narrow waist of the Isthmus, there are spectacular panoramic views of Panama City, the Canal Basin and, quite often, of both oceans at the same time.

From the river valleys to the steep slopes and promontories of the park's volcanic mountain ranges it is possible to see the moist tropical forests, very moist premontane forests, very moist tropical forests and premontane rain forests characteristic of the areas with a cool climate and high precipitation on the highest ridges and mountains of the reserve. Cerro Brewster (899 m), located on the continental watershed at the eastern end, and Cerro Bruja (979 m), also located on the continental watershed further north in the reserve, are outstanding features of the park's topography in which slopes over 45 degrees and rough mountainous terrain predominate.

Park altitude ranges between 60 metres above sea level and 1,007 metres at its highest point, Cerro Jefe. The climate reflects the varied topogaphy of the protected region, with average temperatures near 30° C in the lowest parts and 20° C in the highest areas. Precipitation on the mountains and hills reaches 4,200 mm annually, while average precipitation on Lake

Una densa vegetación (izquierda) cubre las laderas de Cerro Azul. Arriba, un ejemplar de iguana joven, especie común en el Chagres.

Dense vegetation (left) covers the slopes of Cerro Azul. Above, a young iguana, a common species in Chagres.

Sobre estas líneas, la cascada Julieta, localizada en Cerro Azul. A la derecha, una vista aérea de la cuenca del río Chagres.

Above, the Julieta falls in Cerro Azul. Right, an aerial view of the River Chagres basin.

El río Chagres proporciona más del 40% del agua que requiere el Canal de Panamá para su normal funcionamiento.

The River Chagres provides over 40% of the water needed for the normal working of the Panama Canal.

protegida, con temperaturas medias cercanas a los 30° C en las zonas más bajas, y a los 20° C en las partes más altas. La precipitación en las montañas y serranías llega hasta los 4.200 mm anuales, mientras que la precipitación media en el lago Alajuela y sus alrededores es de unos 2.200 mm al año. El Parque Nacional Chagres está íntimamente ligado al río que le da su nombre, al Canal de Panamá y a la histórica función transístmica del Istmo.

La reserva protege la vital cuenca alta de este río y las de sus principales afluentes, que generan el caudal de agua que hace posible la operación de las esclusas del Canal de Panamá. En síntesis, sin el río Chagres no habría canal y sin el Parque Nacional Chagres no habría río.

Cada uno de los más de 12.500 buques que transitan por el canal anualmente requiere unos 52 millones de galones de agua para completar su travesía y la mayor parte de esta agua la proporciona el río Chagres y su cuenca hidrográfica. El lago Gatún, situado a 26 metros sobre el nivel del mar y sobre el que navegan los buques al atravesar el canal, fue creado en 1914 al represar las aguas del río Chagres y establecer el que fue en su momento el lago artificial más grande del mundo. En la actualidad la ruta que siguen los buques al navegar por el lago Gatún, cuya superficie cubre unas 43.000 hectáreas, se ciñe en gran medida al cauce original (hoy sumergido) del poderoso río.

En 1935, el Chagres fue represado nuevamente aguas arriba para crear el lago artificial Alajuela (cuya superficie supera las 5.000 hectáreas) y dotar al canal de una reserva adicional para regular y mantener el nivel adecuado en el lago Gatún. Hoy el Chagres es el único río del mundo que desemboca en dos océanos, ya que sus aguas represadas son utilizadas por las esclusas en los dos extremos del canal y éstas vierten al Caribe o al Pacífico cada vez que un barco culmina su travesía por el canal. En su conjunto, la cuenca hidrográfica del Canal de Panamá cubre unas 326.000 hectáreas del territorio nacional en las que se ha establecido un espectacular sistema de parques nacionales y reservas naturales que garantizan su viabilidad, incluyendo al propio Parque Nacional Chagres, al Parque Nacional Soberanía, al Monumento Natural Isla Barro Colorado, al Parque Nacional Camino de Cruces, al Parque Na-

Alajuela and surrounding area is about 2,200 mm per year. Chagres National Park is closely linked to the river that gives it its name, to the Panama Canal and to the historic linking function of the isthmus.

The reserve protects the vital upper basin of this river and those of its main tributaries that generate the flow of water necessary for the Panama Canal's sluices to operate. In short, without the River Chagres there would be no Canal, and without Chagres National Park there would be no river.

Each one of the more than 12,500 ships that ply the Canal every year requires about 52 million gallons of water to complete the crossing and most of the water comes from the Chagres river and its hydrographic basin. Lake Gatún, located 26 metres above sea level and over which the ships sail when they cross the Canal, was created in 1914 when the waters of the River Chagres were dammed and what was at the time the largest artificial lake in the world was formed. At the moment, the route the ships follow when they sail across 43,000-hectare Lake Gatún sticks mostly to the original course (nowadays under water) of the swift-flowing river.

In 1935, the Chagres was dammed again upriver in order to create the artificial Lake Alajuela (over 5,000 hectares) and provide the Canal with an extra reserve to regulate and maintain the required level in Lake Gatún. The Chagres is nowadays the only river in the world that discharges into two oceans as its dammed waters are used by the sluices at the two ends of the Canal and flow into the Caribbean and the Pacific every time a ship finishes the Canal crossing. All in all, the hydrographic basin of the Panama Canal covers 326,000 hectares of land over which a spectacular system of national parks and natural reserves has been set up to guarantee their viability, including Chagres National Park itself, Soberanía National Park, Isla Barro Colorado Natural Monument, Camino de Cruces National Park, Altos de Campana National Park and Biological Reserve and Portobelo National Park.

The largest and most important of the natural protected areas in the above-mentioned basin is Chagres, which contains a great variety of ecosystems and natural communities. The Cerro Jefe area is known the world over as an important centre for endemisms of epiphytes, mosses, orchids, ferns, bromeliads and

Los esqueletos de los árboles en el lago Alajuela nos enseñan que se trata de un lago artificial represado en el año 1935.

The skeleton-like remains of trees at Lake Alajuela are proof that it is an artificial lake, dammed in 1935.

LA ESPECTACULAR CASCADA ROMEO situada en Cerro Azul y cuyas aguas van a desembocar al río Chagres.

THE SPECTACULAR ROMEO Falls at Cerro Azul whose waters flow into the River Chagres.

cional y Reserva Biológica Altos de Campana y al Parque Nacional Portobelo.

El mayor y más importante entre los espacios naturales protegidos de dicha cuenca es el Chagres, que alberga una gran variedad de ecosistemas y comunidades naturales. El área de Cerro Jefe es conocida en el mundo entero como un centro importante de endemismo para epífitas, musgos, orquídeas, helechos, bromelias y otras especies de plantas típicas del bosque pluvial premontano, incluyendo *Rudgea isthmensis*, *Faramea jefensis*, *Epidendrum flexuosissimum*, *Lisianthus jefensis* y *Ronnbergia petersii*. Sus bosques húmedos tropicales presentan imponentes árboles de los géneros *Bombacopsis*, *Anacardium* , *Tabebuia* y *Cedrela*, mientras que en el bosque muy húmedo premontano aparecen con frecuencia los géneros *Calophyllum* y *Achras*. En los bosques muy húmedos tropicales, los árboles más grandes que se alzan hasta 50 metros sobre el suelo pertenecen a los géneros *Poulsenia*, *Terminalia* y *Quararibea*. Desde el punto de vista faunístico es común la presencia de la rana de vidrio *(Centrolenella colymbiphylum)*, la rana venenosa de vientre azul *(Dendrobates fulguritus)* y la rana venenosa de vientre amarillo *(Dendrobates minutus)*. Las salamandras endémicas *Bolitoglossa schizodactyla* y *Bolitoglossa cuna* también se encuentran en Chagres. Entre las aves destacan el esquivo carpintero carirrayado *(Piculus callopterus)* endémico de Panamá, que se puede observar en las inmediaciones de Cerro Azul y Cerro Jefe. En Chagres se observan también tángaras de gran colorido, típicas de hábitats premontanos, incluyendo la muy rara tángara-de-monte de Tacarcuna *(Chlorospingus tacarcunae)*, censada únicamente en el Cerro Tacarcuna de Darién y la zona de Cerro Jefe en Chagres.

Otras especies de interés para los científicos son el cabezón cinéreo *(Pachyramphus rufus)*, el poco común batará moteado *(Xenornis setifrons)*, el pequeño y vistoso momoto enano *(Hylomanes momotula)*, el hojarasquero rojizo *(Automolus rubiginosus fumosus)* y el espectacular picoguadaña piquipardo *(Campylorhamphus pusillus)* con su inconfundible pico de hoz.

En las ramas de los grandes árboles, y en especial en los bordes de los claros y las zonas de bosque en regeneración es común observar grupos del multicolor tucán pico iris *(Ramphastos sulfuratus brevicarinatus)* y del tucán de Swainson *(Ramphastos swainsonii)*.

Numerosas aves acuáticas se pueden observar en las orillas de los caudalosos ríos del parque: el Chagres, el San Juan de Pequení, el Boquerón, el Indio, el San Miguel y Las Cascadas, siendo muy común la inconfundible garza tigre barreteada *(Tigrisoma fasciatum)*. Los ríos del parque constituyen el hábitat de más de 59 especies de peces de agua dulce, que representan a 21 familias y 49 géneros. Además de su variada ictiofauna, con algo de suerte se puede ver al gato de agua *(Lontra longicaudis)* alimentándose sobre las grandes piedras a lo largo del espectacular cañón del río Chagres, que se puede recorrer en bote durante la época de verano (diciembre a abril) y que ofrece al visitante numerosas piscinas de roca natural bañadas por las aguas esmeralda del río, ideales para la natación.

Los babillos *(Caiman crocodilus)* y los cocodrilos *(Crocodylus acutus)* todavía se pueden observar en las secciones más profundas de los principales ríos del área protegida y en las orillas del lago Alajuela. Estos reptiles eran muy numerosos en

other plant species typical of premontane rain forest, including *Rudgea isthmensis*, *Faramea jefensis*, *Epidendrum flexuosissimum*, *Lisianthus jefensis* and *Ronnbergia petersii*. Its moist tropical forests have impressive trees of the genera *Bombacopsis*, *Anacardium*, *Tabebuia* and *Cedrela*, while in the very moist premontane forest, the genera *Calophyllum* and *Achras* often occur. In the very moist tropical forests, the largest trees of up to 50 metres above the ground belong to the genera *Poulsenia*, *Terminalia* and *Quararibea*. As far as the animal life is concerned, the 'rana de vidrio' *(Centrolenella colymbiphylum)*, the poisonous 'rana de vientre azul' *(Dendrobates fulguritus)* and the poisonous 'rana de vientre amarillo' *(Dendrobates minutus)* are common. The endemic salamanders *Bolitoglossa schizodactyla* and *Bolitoglossa cuna* are also found in Chagres. Among the birds, the elusive stripe-cheeked woodpecker *(Piculus callopterus)*, a species endemic to Panama and which can be seen in the vicinity of Cerro Azul and Cerro Jefe, is worthy of note. In Chagres, very colourful tanagers typical of premontane habitats can be seen. They include the very rare tacarcuna bush-tanager *(Chlorospingus tacarcunae)*, only recorded in Cerro Tacarcuna in Darién and the Cerro Jefe area in Chagres.

Other species of interest to scientists are the cinerous becard *(Pachyramphus rufus)*, the rare speckled antshrike *(Xenornis setifrons)*, the small and showy tody motmot *(Hylomanes momotula)*, the ruddy foliage-gleaner *(Automolus rubiginosus fumosus)* and the spectacular brown-billed scythebill *(Campylorhamphus pusillus)* with its unmistakable sickle bill.

In the branches of the large trees, and in particular at the edges of the clearings and areas of regenerating forest, it is common to see groups of multicoloured keel-billed toucans *(Ramphastos sulfuratus brevicarinatus)* and Swainson's toucans *(Ramphastos swainsonii)*.

Many water birds can be seen on the banks of the park's swift-flowing rivers, the Chagres, San Juan de Pequení, Boquerón, Indio, San Miguel and Las Cascadas, the unmistakable fasciated tiger-heron *(Tigrisoma fasciatum)* being very common. The park's rivers are the habitat of over 59 species of freshwater fish representing 21 families and 49 genera. Besides their varied fish fauna, with a little luck it is possible to spot an otter *(Lontra longicaudis)* feeding on the large rocks along the spectacular canyon of the River Chagres, which is navegable in a boat in summer (December to April). Visitors can also enjoy the many natural rock pools bathed in the emerald green water

Sin el río Chagres no habría sido posible la creación del Canal de Panamá y sin el Parque Nacional Chagres no habría río.
En las páginas siguientes, la exuberante vegetación que crece en las proximidades de Cerro Azul y el poderoso puma.

Without the River Chagres it would not have been possible to create the Panama Canal, and without Chagres National Park there would be no river.
Following pages, the luxuriant vegetation growing in the environs of Cerro Azul and the magnificent puma.

las orillas del Chagres durante la época colonial, hasta el punto que se le llegó a conocer como «el río de los lagartos». Manadas de saínos *(Tayassu tajacu)* son frecuentes cerca de los ríos y en los trillos y senderos del parque, donde es común ver también las huellas del manigordo *(Felis pardalis)*, que sigue a los saínos por el sotobosque.

A pesar de su cercanía a las áreas más pobladas del país, la inaccesibilidad de los terrenos quebrados del parque ha permitido que aún se conserven en esta reserva importantes especies amenazadas de la fauna panameña, como son el macho de monte o tapir *(Tapirus bairdii)*, el mamífero de mayor tamaño en las selvas; el jaguar *(Panthera onca)*, considerado el más poderoso entre las cinco especies de felinos que viven en el país y que se encuentran todos presentes en el Chagres; la majestuosa águila harpía *(Harpia harpyja)*, el ave de mayor tamaño y poderío en Panamá, y el mono araña colorado *(Ateles geoffroyi panamensis)*, que ha desaparecido en numerosas áreas de la Cuenca del Canal donde era frecuente hasta hace poco tiempo.

El Chagres es accesible desde la ciudad de Panamá por carretera, en especial por los sectores de Cerro Azul y Cerro Jefe, donde existen caminos claramente marcados. El ANAM mantiene la sede administrativa del parque en el área del antiguo campo scout de Panamá, sector de campo Chagres (tel. (507) 229-7885) y además cuenta con estaciones de guardaparques en Alajuela (Nuevo Caimito), Cerro Azul, Cuango (Colón) y Boquerón. El área del lago Alajuela y el río Chagres es accesible en lancha o bote a motor desde varios puntos de sus riberas, a los que se llega fácilmente en auto desde la ciudad de Panamá.

of the river, ideal for swimming. Caimans *(Caiman crocodilus)* and crocodiles *(Crocodylus acutus)* can still be seen in the deepest parts of the main rivers in the protected area and on the banks of Lake Alajuela. Those reptiles were very numerous on the banks of the Chagres in the colonial period, to such an extent that it came to be known as 'Lizard River'. Herds of collared peccary *(Tayassu tajacu)* are common near the rivers and on the park's paths and trails, where it is also common to see the tracks of an ocelot *(Felis pardalis)* as it follows the peccaries through the undergrowth.

In spite of its proximity to the most populated areas, the inaccessibility of the park' s rugged terrain has meant that this reserve still conserves important endangered species of Panamanian fauna, such as the tapir *(Tapirus bairdii)*, the biggest mammal in the jungle; the jaguar *(Panthera onca)*, considered the most powerful of the five cat species found in Panama, all of which live in Chagres; the magnificent harpy eagle *(Harpia harpyja)*, the largest and most powerful bird of prey in Panama, and black-handed spider monkey *(Ateles geoffroyi panamensis)*, which has disappeared from many areas of the Canal basin where it was common until quite recently.

Chagres is accessible from Panama City along the highway, especially along the Cerro Azul and Cerro Jefe sectors, where there are clearly marked roads. The ANAM maintains the park's main administrative office in the area of the former Panama scout camp in the Chagres Camp Sector (tel. (507) 229-7885). It also has ranger stations in Alajuela (Nuevo Caimito), Cerro Azul, Cuango (Colón) and Boquerón. The Lake Alajuela and River Chagres area is accessible by launch or motor boat from several points on their banks, which are in easy reach of Panama City by car.

Parque Nacional Soberanía

En el sendero conocido como Camino del Oleoducto, no sólo puede observarse un gran número de aves sino también una gran variedad de plantas.

On the path known as the Camino del Oleoducto, it is possible to see not only a large number of birds, but also a large variety of plants.

Ubicado en el corazón de la histórica y vital zona de tránsito del canal, el Parque Nacional Soberanía posee unas 20.000 hectáreas de bosques húmedos tropicales. Es el área protegida más cercana a la ciudad de Panamá y una de las de más fácil acceso de todo el continente americano.

El parque protege el estratégico margen este del Canal de Panamá, con el que colinda todo a lo largo de su límite oeste en apacibles remansos y ensenadas formados por el lago Gatún, cuyas aguas albergan a su vez importantes poblaciones del amenazado manatí *(Trichechus manatus)*. Con más de 1.300 especies de plantas vasculares, 105 especies de mamíferos, 525 especies de aves, 79 de reptiles y 55 de anfibios, Soberanía es una joya natural de una gran importancia económica, que se ha convertido en visita obligada cada año para miles de aficionados, naturalistas y científicos panameños y del mundo entero interesados en la ecología tropical.

En su sendero más conocido, el Camino del Oleoducto, la Sociedad Audubon de Panamá ha establecido durante 19 años consecutivos récords mundiales en el censo de Navidad que realiza todos los años esta asociación ornitológica a nivel mundial. En 1996 se censaron en un solo día 525 especies de aves.

El parque adquiere la forma de una franja vertical a lo largo del margen este del canal, extendiéndose hasta los antiguos límites de la desaparecida Zona del Canal. Las elevaciones del terreno oscilan desde los 26 metros sobre el nivel del mar hasta su punto más alto, el cerro Calabaza, con 85 m de altitud. En las cercanías del célebre Jardín Botánico Summit existe una sección de la divisoria continental del istmo. La temperatura media anual es de 28° C y es la vertiente caribeña del parque la que recibe una mayor cantidad de precipitación en relación con el sector de menor extensión que se encuentra en la vertiente pacífica.

En el parque predominan los cerros y colinas ondulados y accidentados, en los que es frecuente encontrar pendientes empinadas. El río Chagres atraviesa el área protegida a la altura de la población de Gamboa. Numerosos cursos de agua nacen dentro de esta reserva, incluyendo los ríos Pelón, Frijoles, Macho, Cabuya, Masambí y Quebrada La Cruz, así como los ríos Calabaza y Pedro Miguel.

Los bosques húmedos tropicales de Soberanía se extienden por la ribera este del Canal de Panamá, desde la vertiente pacífica del Istmo hasta su vertiente caribeña, incluyendo imponentes ejemplares de árboles de ceiba *(Ceiba pentandra)*, cuipo *(Cavanillesia platanifolia)*, roble *(Tabebuia rosea)* y los espectaculares guayacanes (*Tabebuia guayacan*), que florecen en un estallido de amarillo durante los meses de abril y mayo, anunciando el inicio de las lluvias.

En los bosques del parque abundan ejemplares bien desarrollados de árboles frutales como el nance *(Byrsonima crassifolia)* y el jobo *(Spondias mombin)*, cuyas frutas y semillas sirven de alimento a gato solos *(Nasua narica)*, ñeques *(Dasyprocta punctata)*, iguanas *(Iguana iguana)*, venados cola blanca *(Odocoileus virginianus)* y venados corsos *(Mazama america-*

Soberanía National Park

Situated in the heart of the historical and vital Canal transit zone, Soberanía National Park covers 20,000 hectares of moist tropical forests. It is the nearest protected area to Panama City and one of the most accessible on the entire American continent.

The park protects the strategic eastern side of the Panama Canal, bordering it the whole length of its western edge in tranquil bays and inlets formed by Lake Gatún, whose waters hold important populations of threatened manatees *(Trichechus manatus)*. With over 1,300 species of vascular plants, 105 mammal species, 525 bird species, 79 reptiles and 55 amphibians, Soberanía is a natural gem of great economic importance, which has become a must every year for thousands of nature lovers, naturalists and scientists from Panama and the world over who are interested in tropical ecology.

On its best known path, the Camino del Oleoducto, the Audubon Society of Panama has for 19 years held consecutive world records in the annual Christmas census it organises around the world. 525 species of birds were recorded on just one day in 1996.

The park is shaped like a green strip along the Canal's eastern bank, stretching to the former limits of what was once the Canal Zone. The land varies from 26 metres above sea level to the 85-metre-high Cerro Calabaza, which is its highest point. In the vicinity of the famous Summit Botanical Garden, there is a part of the continental watershed of the Isthmus. The average annual temperature is 28° C and the park's Caribbean slope receives a greater amount of precipitation in comparison with the smaller section on the Pacific side.

In the park, rugged undulating hills predominate, and steep slopes are common. The River Chagres crosses the protected area at Gamboa town. Many water courses rise in this reserve, including the Rivers Pelón, Frijoles, Macho, Cabuya, Masambí and Quebrada La Cruz, as well as the Rivers Calabaza and Pedro Miguel.

Soberanía's moist tropical forests extend along the eastern bank of the Panama Canal from the Pacific-facing slope of the Isthmus to its Caribbean-facing slope, including impressive examples of trees like cotton tree *(Ceiba pentandra)*, 'cuipo' *(Cavanillesia platanifolia)*, oak *(Tabebuia rosea)* and the spectacular 'guayacanes' (*Tabebuia guayacan*) that flower in a flash of yellow in April and May, announcing the start of the rains.

In the park's forests there are lots of well developed examples of fruit trees like the 'nance' *(Byrsonima crassifolia)* and the wild plum *(Spondias mombin)*, the fruits and seeds of which are food for coatis *(Nasua narica)*, agoutis *(Dasyprocta punctata)*, iguanas *(Iguana iguana)*, white-tailed deer *(Odocoileus virginianus)* and red brocket *(Mazama americana)*, which in turn play a role in dispersing the seeds. In the regenerating areas, on the edges of the rivers and forests, the 'guarumo' (*Cecropia* sp.), 'membrillo' *(Gustavia superba)*, monkey´s comb *(Apeiba tibourbou)* and the 'guácimo' *(Guazuma ulmifolia)* are common.

In Soberanía, it is also possible to see well-grown specimens of 'higuerón' *(Ficus insipida)*, which maintains a fascinating symbiotic relationship with the diminutive 'higuerón' wasp (*Blastopha-*

En los bosques húmedos de Soberanía se desarrolla una extraordinaria vegetación que se distingue por la diversidad y belleza de sus flores.

In the moist forests of Soberanía the extraordinary plantlife is distinguished by the diversity and beauty of its flowers.

La ardilla (arriba) es un mamífero bastante común en el estrato forestal (izquierda) de Soberanía. A la derecha, una vista del Canal de Panamá que limita por el este con el área protegida.

The squirrel (above) is quite a common mammal in the forest stratum (left) of Soberanía. Right, a view of the Panama Canal that borders the protected area to the East.

Arriba, la densa vegetación del bosque húmedo tropical, que con altas temperaturas y elevada humedad alcanza un gran desarrollo.

With an average annual temperature of 28° C and a high level of humidity, the thick vegetation of tropical moist forest grows profusely (Above).

na), que a su vez se encargan de dispersar sus semillas. En las zonas en regeneración, en las márgenes de los ríos y en los bordes del bosque son comunes el guarumo (*Cecropia* sp.), el membrillo *(Gustavia superba)*, el peine de mico *(Apeiba tibourbou)* y el guácimo *(Guazuma ulmifolia)*.

En Soberanía se pueden también apreciar ejemplares bien desarrollados del higuerón *(Ficus insipida)*, que mantiene una relación simbiótica fascinante con la diminuta avispa del higuerón (*Blastophaga* sp.), sin la cual este árbol no puede polinizar sus frutos. Esta simbiosis se ha desarrollado en una forma tan sofisticada que cada especie de higuerón depende para reproducirse de una especie distinta de avispa y ninguna de las especies de higuerón o de avispa puede sobrevivir la una sin la otra.

Al recorrer el espacio protegido se pueden observar las numerosas lianas que cuelgan de los árboles y ramas en el bosque, algunas de ellas muy bien desarrolladas y de gran tamaño, con ejemplares imponentes de *Uncaria tomentosa.* Sobresalen también las majestuosas palmas reales *(Scheelea zonensis)*, cuyas semillas sirven de alimento a las loras frentirrojas *(Amazona autumnalis)*, ñeques *(Dasyprocta punctata)*, ardillas rabicoloradas *(Sciurus granatensis)* y numerosas otras especies de aves y mamíferos.

En Soberanía se ha observado a la espectacular y amenazada águila crestada *(Morphnus guianensis)*, al cuclillo faisán *(Dromococcyx phasianellus)*, al inconfundible cuco-hormiguero ventrirrufo *(Neomorphus geoffroyi)*, así como a numerosas especies de coloridos trogones como el trogón violáceo *(Trogon violaceus)* y el trogón colinegro *(Trogon melanurus)*. El mosquerito verdiamarillo *(Phylloscartes flavovirens)* es una especie que puede ser vista con relativa frecuencia con la ayuda de guías experimentados.

Recorriendo los senderos es fácil ver manadas de saínos *(Tayassu tajacu)*, mapaches *(Procyon lotor)* y diversas especies de monos, incluyendo el mono tití *(Saguinus oedipus)*. Durante el crepúsculo el naturalista cuidadoso puede observar las especies nocturnas del bosque que a esa hora comienzan su actividad, como el esquivo jujuná *(Aotus ledmurinus)*, que pocas veces desciende al suelo desde su hábitat arbóreo, y el halcón cazamurciélagos *(Falco rufigularis)*, con su vuelo rápido y sus desplazamientos acrobáticos en el aire en busca de sus presas.

Los nidos y caminos de arrieras *(Atta colombica)* son comunes y fáciles de identificar en el parque, donde también se encuentran ejemplares de la peligrosa hormiga folofa *(Paraponera clavata)*, la más grande de las hormigas de Panamá y de toda América Central, cuya picadura produce un intenso dolor y puede causar hasta fiebre.

El parque fue creado bajo el amparo de los tratados sobre el Canal Torrijos-Carter de 1977, que garantizan el retorno com-

ga sp.), without which this tree cannot polinize its fruits. This symbiosis has developed in such a sophisticated form that in order to reproduce itself, every species of 'higuerón' depends on a different species of wasp and none of the species of 'higuerón' or wasp can survive one without the other.

On a trip around the protected area one can see numerous lianas hanging from the trees and branches in the forest, some of them are very well-grown and very large, with impressive specimens of *Uncaria tomentosa*. The majestic royal palm *(Scheelea zonensis)*, whose seeds serve as food for red-lored amazon *(Amazona autumnalis)*, agouti *(Dasyprocta punctata)*, neotropical red squirrels *(Sciurus granatensis)* and many other species of birds and mammals, are also of particular interest.

In Soberanía, the spectacular and threatened crested eagle *(Morphnus guianensis)*, pheasant cuckoo *(Dromococcyx phasianellus)*, unmistakable rufous-vented ground-cuckoo *(Neomorphus geoffroyi)*, and many species of colourful trogons like the violaceous trogon *(Trogon violaceus)* and the black-tailed trogon *(Trogon melanurus)* have been seen. The yellow-green tyrannulet *(Phylloscartes flavovirens)* is a species that can be seen relatively often with the help of experienced guides.

It is easy to see groups of collared peccaries *(Tayassu tajacu)*, raccoons *(Procyon lotor)* and various species of monkey, including cotton-topped tamarin *(Saguinus oedipus)* from the paths. At dusk, careful naturalists may glimpse the nocturnal species of the forest, which begin to be active at that time. Examples of such species are the wary night monkey *(Aotus ledmurinus)*, which seldom comes down to the ground from its arboreal habitat, and the bat falcon *(Falco rufigularis)*, with its rapid flight and acrobatic aerial movements in search of prey.

The nests and tracks of 'arrieras' *(Atta colombica)* are common and easy to identify in the park. There is also the dangerous ant 'folofa' *(Paraponera clavata)*, the biggest of the ants found in Panama and Central America, and whose bite produces intense pain and can even cause fever.

The park was created under the aegis of the 1977 Torrijos-Carter Canal Treaties that ensured the complete return before December 31, 1999 into Panamanian hands of the former Canal Zone and of all the operations there. Since its creation it has been run by the Autoridad Nacional del Ambiente, ANAM, which keeps the park's administrative H.Q open to the public in the Gamboa area (tel. (507) 229-7885). There are also ranger huts and management facilities at the entrance of Summit Botanical Garden, in Aguas Claras and Unión Veragüense.

Due to its location and accessibility, Soberanía has become the spearhead of public and private conservation efforts in Panama, and nowadays it is the park with the greatest investment in infra-

El parque protege la orilla este del Canal de Panamá con el que limita todo a lo largo del extremo oeste del parque, en apacibles remansos y ensenadas.

The park protects the eastern shore of the Panama Canal, bordering it along the whole western end of the park in tranquil backwaters and inlets.

ARRIBA, UN VISTOSO SALTAMONTES Y LA PELIGROSA HORMIGA folofa, la hormiga más grande de Panamá, cuya picadura produce un intenso dolor e incluso fiebre.

ABOVE, A SHOWY GRASSHOPPER and the dangerous 'folofa' ant, the largest ant in Panama whose bite causes great pain and even fever.

pleto de la antigua zona del canal y de todas las operaciones del mismo a manos panameñas antes del 31 de diciembre de 1999. Es administrado desde su creación por la Autoridad Nacional del Ambiente (ANAM), que mantiene la sede administrativa del parque abierta al público en el área de Gamboa (tel. (507) 229-7885). Además, existen casetas de guardaparques e instalaciones para el manejo del área en la entrada del Jardín Botánico Summit, Aguas Claras y Unión Veragüense.

Por su ubicación y accesibilidad Soberanía se ha convertido en la punta de lanza de los esfuerzos conservacionistas públicos y privados del país, y hoy en día es el parque con la mayor inversión en infraestructura y personal de todo el sistema nacional de parques nacionales y áreas protegidas. Fue el primero en contar con todos sus límites debidamente marcados y señalizados, y ofrece al público una variedad de senderos bien desarrollados y áreas de uso público debidamente habilitadas.

El parque puede ser visitado con facilidad y se encuentra a sólo 40 minutos por carretera de la ciudad de Panamá. La carretera de Madden, que va hasta la presa del mismo nombre que originó el lago Alajuela, atraviesa la imponente floresta del parque proporcionando a los visitantes espléndidos paisajes del bosque húmedo tropical. Por dicha carretera se accede al área de interpretación natural La Cascada, que en la época de lluvias mantiene un buen caudal. El famoso Camino de Cruces ofrece a los amantes de la historia y la ecología un trecho restaurado del

structure and staff in the entire national parks and protected areas network. It was the first to have all its boundaries duly defined and signposted, and offers the public a variety of well marked trails and suitably equipped public use areas.

It is easy to visit the park, being only 40 minutes by road from Panama City. The Madden highway, which goes to the reservoir of the same name that led to the creation of Lake Alajuela, crosses the impressive park forest, offering visitors splendid views of moist tropical forest scenery. The above-mentioned highway leads to the La Cascada Nature Interpretation Area, which has a good flow of water in the rainy season. For lovers of history and ecology, on the famous Camino de Cruces, part of the former paved section has been restored. It was used in the colonial period to transport Peruvian gold that arrived in Panama City, the first city founded by the Europeans in the American Pacific in 1519. The gold was transported along the road across the entire Isthmus to Portobelo, in the Caribbean, from where it was shipped to Spain.

The National Association for Nature Conservation, ANCON, keeps the Finca Agroforestal Río Cabuya open to the public (tel. (507) 264-8100) (http:www.ancon.org). It is located next to Soberanía Park in the Chilibre area, and there are breeding facilities for paca *(Agouti paca)* and iguanas *(Iguana iguana)*, a large tree nursery, reforestation and agroforestry demonstration areas, a project to reforest and regenerate native forest in the park itself and the El Negrito Nature Trail. The Chagres Environmental Centre, alongside the River Cabuya and Soberanía Park, offers the

En el Camino del Oleoducto, basta con acercarse a la vegetación de los límites del sendero para descubrir el desconocido mundo de los invertebrados.

On the Camino del Oleoducto it is enough just to peek into the vegetation bordering the trail to discover the unknown world of the invertebrates.

NUMEROSAS ZONAS DEL SOTOBOSQUE DE SOBERANÍA SE encuentran tapizadas por un denso matorral formado básicamente por helechos.

MANY PARTS OF THE UNDERGROWTH in Soberanía are formed of dense matorral mainly consisting of ferns.

antiguo trazado empedrado, utilizado durante la época colonial para transportar el oro procedente del Perú que llegaba a la ciudad de Panamá, la primera ciudad fundada por los europeos en el Pacífico americano en el año de 1519, y se trasladaba por él atravesando todo el Istmo, hasta Portobelo, en el Caribe, desde donde se enviaba a España.

La Asociación Nacional para la Conservación de la Naturaleza, ANCON, mantiene abierta y a disposición del público la Finca Agroforestal Río Cabuya (tel (507) 264-8100) (http:www. ancon.org), ubicada junto al parque Soberanía en el área de Chilibre, en la que existen criaderos de conejo pintado *(Agouti paca)* y de iguanas *(Iguana iguana)*, un amplio vivero forestal, áreas demostrativas de reforestación y agroforestería, un proyecto de reforestación y regeneración de bosque nativo en el propio parque y el sendero de interpretación natural El Negrito. El Centro Ambiental Chagres, junto a Río Cabuya y al parque Soberanía, ofrece al público facilidades para pernoctar en el bosque húmedo tropical y para recorrer el sendero natural La Bonga.

A Gamboa, punto de embarque para los visitantes que se dirigen a la isla de Barro Colorado, administrada por el Instituto Smithsonian, y al Camino del Oleoducto, se puede acceder con comodidad en auto desde la ciudad de Panamá en aproximadamente una hora. El Camino del Oleoducto se ha convertido en una importante atracción para científicos, naturalistas y sobre todo ornitólogos por la gran cantidad de aves y de fauna que se observa con facilidad desde el mismo. El sendero de interpretación natural El Charco, ubicado camino a Gamboa, proporciona a los visitantes una refrescante poza de aguas cristalinas y un interesante sendero natural interpretativo.

El Jardín Botánico de Summit, administrado por el Municipio de la Ciudad de Panamá (tel. (507) 232-4850) está igualmente ubicado junto al parque Soberanía (antes de llegar a Gamboa) y mantiene a disposición del público senderos y caminos al aire libre y muestras de las principales especies de la fauna panameña. Dentro del Summit hay que destacar el nuevo y moderno Recinto del Águila Harpía *(Harpya harpyja)*, la mayor exhibición de su tipo dedicada a un ave en el mundo, que se ha convertido en una de las mayores atracciones para los visitantes. En dicho recinto, que incluye una enorme jaula donde una pareja de estas majestuosas águilas viven y se reproducen, tienen lugar excelentes exhibiciones y en él se encuentran numerosos materiales educativos sobre el ave nacional de Panamá.

public facilities to spend the night in the moist tropical forest and to travel along the La Bonga Nature Trail.

It is possible to reach Gamboa, the embarkation point for visitors going to Barro Colorado Island, which is managed by the Smithsonian Institute, and the Camino del Oleoducto, easily by car from Panama City in about an hour. The Camino del Oleoducto has become an important attraction for scientists, naturalists and, above all, ornithologists because of the large number of birds and wildlife that can easily be observed from it. The El Charco Nature Trail on the Gamboa road provides visitors with a refreshing well with crystal clear water, and an interesting nature trail.

The Summit Botanical Garden, run by Panama District Council (tel. (507) 232-4850) is also located next to Soberanía Park (before Gamboa) and has outdoor paths and roads available to the public as well as examples of the main species of Panamanian wildlife. Within Summit, the new modern Harpy Eagle Enclosure *(Harpya harpyja)* is worthy of note. It is the largest exhibition of its kind (given over to a bird) in the world, and has become one of the main visitor attractions. The enclosure includes an enormous cage where a pair of majestic harpy eagles live and breed. Excellent exhibitions are also held and there are many educational materials dealing with Panama's national bird.

UNA VISTA GENERAL DEL BOSQUE húmedo tropical que tan importante papel juega en la protección del Canal de Panamá.

A GENERAL VIEW OF THE MOIST TROPICAL FOREST that plays such an important part in protecting the Panama Canal.

Los frondosos bosques de Barro Colorado (derecha) se asientan sobre terrenos sedimentarios. Arriba, una espectacular orquídea de estas selvas.

The luxuriant forests of Barro Colorado (right) lie on sedimentary land. Above, a spectacular orchid in these forests.

Monumento Natural Isla Barro Colorado

Administrado por el Instituto Smithsonian de Investigaciones Tropicales, el Monumento Natural Isla Barro Colorado comprende 5.346 hectáreas de los bosques tropicales mejor estudiados del planeta, ubicados en el corazón de la cuenca del Canal de Panamá.

La isla de Barro Colorado se formó cuando se represaron las aguas del río Chagres y se creó el lago Gatún en 1914, como parte de las instalaciones del Canal de Panamá. Las zonas altas de lo que hasta entonces había sido la loma de Palenquilla, rodeada de valles fluviales, quedaron aisladas al subir las aguas de este lago artificial. Esta nueva isla, con 1.564 hectáreas de superficie y 48 kilómetros de riberas, fue bautizada con el nombre de Barro Colorado.

En 1923 se declaró la isla como reserva biológica, convirtiéndose en la primera área protegida del país y en la segunda más antigua del trópico americano. En 1946 la Institución Smithsonian fue designada como administradora de esta reserva y desde entonces se ha convertido en una de las principales estaciones de campo para la investigación de la biología tropical en el mundo. En 1966 se creó oficialmente el Instituto Smithsonian de Investigaciones Tropicales con sede en la ciudad de Panamá, como centro de biología tropical de la Institución Smithsonian. Al entrar en vigor el tratado Torrijos-Carter en 1979, se añadieron las 5 penínsulas adyacentes de tierra firme y se declaró todo el conjunto como Monumento Natural Isla Barro Colorado.

Los frondosos bosques de Barro Colorado que se asientan sobre terrenos sedimentarios pueden ser claramente observados por los tripulantes de los barcos que cruzan por el canal, ya que la ruta de tránsito atraviesa el monumento natural entre la isla y las penínsulas de Buena Vista y Bohío. Situado frente al Parque Nacional Soberanía, entre ambas áreas protegidas se mantiene un importante flujo e intercambio de especies. Se co-

Isla Barro Colorado Natural Monument

Administered by the Smithsonian Tropical Research Institute and located in the heart of the Panama Canal Basin, Isla Barro Colorado Natural Monument covers 5,346 hectares of the most studied tropical forests on Earth. Barro Colorado Island was formed when the waters of the River Chagres were dammed and Lake Gatún was created in 1914 as part of the Panama Canal installations. The upper parts of what until then had been the Palenquilla rise, surrounded by river valleys, were isolated when the waters of this artificial lake rose. This new 1,564-hectare island with its 48 kilometres of river banks was given the name Barro Colorado.

In 1923 the island was declared a biological reserve, becoming the first protected area in the country and the second oldest in the American Tropics. In 1946, the Smithsonian Institute was designated to run the reserve, and since then it has become one of the world's foremost field stations for research into tropical biology. When the Torrijos-Carter Treaty came into force in 1979, the 5 adjacent peninsulas on the mainland were added and the whole area was named Isla Barro Colorado Natural Monument.

The luxuriant forests of Barro Colorado, which lie on sedimentary land, are clearly visible to the crews of the boats that cross the Canal because they sail across the natural monument between the island and Buena Vista and Bohío Peninsulas. Lying off Soberanía National Park, an important flow and interchange of species is maintained between both protected areas. Reports made by the pilots of boats that cross the Panama Canal mention seeing jaguars *(Panthera onca)* swimming across to the island from the forests of Soberanía National Park on the mainland.

With average annual temperatures of 27° C, average precipitation of 2,600 millimetres per year and with a marked dry

Uno de los árboles más raros en estos bosques húmedos tropicales es el cativo.

One of the rarest trees in these moist tropical forests is the 'cativo'.

A LA DERECHA, LAS INSTALACIONES PARA CIENTÍFICOS DEL
Instituto Smithsonian de Investigaciones Tropicales en Isla Barro Colorado.
Arriba, un perezoso de dos dedos.

RIGHT, FACILITIES FOR SCIENTISTS AT THE
Smithsonian Tropical Research Institute in Barro Colorado Island.
Above, a two-toed sloth

La isla de Barro Colorado es un excelente mirador sobre el Canal de Panamá.

Barro Colorado Island is an excellent viewing point over the Panama Canal.

nocen informes de los pilotos de los barcos que cruzan el Canal de Panamá de haber observado jaguares *(Panthera onca)* cruzando a nado desde los bosques del Parque Nacional Soberanía en tierra firme hasta la isla.

Bajo un clima con temperaturas medias anuales de 27° C, precipitaciones medias de 2.600 milímetros al año y con una marcada temporada seca o verano entre los meses de diciembre y marzo, crecen sus bosques húmedos tropicales en los que, de su ya de por sí alto dosel forestal, sobresalen hasta más de 30 metros los árboles de espavé *(Anacardium excelsum)*, amarillo *(Terminalia amazonia)* y cuipo *(Cavanillesia platanifolia)*, mientras que en el sotobosque abundan las palmas, lianas y helechos. Son comunes la palma chunga *(Astrocaryum standleyanum)*, temible por sus largas y afiladas espinas, la palma jira *(Socratea durissima)* y el helecho terrestre *(Tectaria incisa)*. Son también abundantes los árboles de mata palo *(Ficus obtusifolia)*.

Famosa internacionalmente por las innumerables investigaciones y publicaciones científicas que sobre biología tropical allí se han realizado, en Barro Colorado se han censado unas 1.368 especies de plantas vasculares, 93 especies de mamíferos, 366 especies de aves y 90 especies de anfibios y reptiles. En la misma isla son comunes y fáciles de observar desplazándose por las ramas de los árboles a los grupos de monos aulladores *(Alouatta palliata)*. Los gato solos *(Nasua narica)* que frecuentan el área de las instalaciones principales son también muy fáciles de ver en la isla.

Entre las aves son abundantes el escurridizo buco bigotiblanco *(Malacoptila panamensis)* y el tinamú grande *(Tinamus major)*, la mayor de las aves perdices terrestres panameñas. También hay que destacar la presencia de la amenazada pava crestada *(Penelope purpurascens)*, que se observa en parejas a poca altura sobre las ramas de los árboles de estos bosques isleños.

Dos invertebrados son protagonistas en el monumento natural. Por un lado las abundantísimas garrapatas estrella *(Amblyoma cajannense)*, especie enormemente prolífica en la que cada hembra puede poner más de 6.000 huevos antes de morir y, por otro, las numerosas hormigas arrieras *(Atta* sp.) cuyos nidos y caminos se observan con frecuencia tanto en la misma isla como en las penínsulas de Barro Colorado.

Las penínsulas del monumento natural son igualmente atractivas para el naturalista, en particular la península de Gi-

season or summer between December and March, espave trees *(Anacardium excelsum)*, 'nargusta' *(Terminalia amazonia)* and 'cuipo' *(Cavanillesia platanifolia)* stand out up to 30 metres above the high forest canopy, and in the undergrowth there are abundant palms, lianas and ferns. The fearsome 'chunga' palm *(Astrocaryum standleyanum)* with its long sharp thorns, the 'jira' palm *(Socratea durissima)* and the fern *(Tectaria incisa)* are common. There are also lots of mata palo trees *(Ficus obtusifolia)*.

Internationally famous for the countless research studies and scientific publications about tropical biology that have been produced there, about 1,368 species of vascular plants, 93 species of mammals, 366 bird species and 90 species of amphibians and reptiles have been recorded in Barro Colorado. On the island, troops of howler monkeys *(Alouatta palliata)* are common and easy to see moving through the branches of the trees. The white-nosed coati *(Nasua narica)* that frequent the area of the main installations are also very easy to spot on the island.

Among the birds the evasive white-whiskered puffbird *(Malacoptila panamensis)* and great tinamou *(Tinamus major)*, the largest of that type of Panamanian terrestrial birds, are common. The endangered crested guan *(Penelope purpurascens)* is also worthy of note. They can be seen in pairs not very high up in the trees of these island forests.

Two important invertebrates are found in the natural monument. One is the extremely common tick *(Amblyoma cajannense)*, an enormously prolific species in which each female may lay over 6,000 eggs before dying. The other is the 'arrieras' ants *(Atta* sp.), which is also numerous and whose nests and tracks can often be seen both on the island itself and on the peninsulas of Barro Colorado.

The peninsulas of the natural monument are equally attractive for the naturalist, especially Peninsula Gigante with its well known nature trail, where it is common to see white-faced capuchin monkey *(Cebus capucinus)*, two-toed sloths *(Choloepus hoffmanni)* and three-toed sloths *(Bradypus variegatus)*, besides the many bird species, such as the striking lineated woodpecker *(Dryocopus lineatus mesorhynchus)*, the gray-headed chachalaca *(Ortalis cinereiceps)* and little tinamou *(Crypturellus soui)*.

En el sendero natural de la península de Gigante, es relativamente fácil observar a los monos cariblancos.

On the nature trail of Gigante Peninsula it is relatively easy to see white-faced capuchin monkeys.

ARRIBA, ORIGINALES FRUTOS SILVESTRES, Y A LA derecha, una vista aérea de las densas selvas de este monumento natural.

ABOVE, ORIGINAL WILD FRUITS AND, right, an aerial view of the dense forests of this natural monument.

gante con su conocido sendero natural, en el que se observan habitualmente monos cariblancos *(Cebus capucinus)*, perezosos de dos dedos *(Choloepus hoffmanni)* y de tres dedos *(Bradypus variegatus)*, además de las numerosas especies de aves, como el llamativo carpintero lineado *(Dryocopus lineatus mesorhynchus)*, la chachalaca cabecigris *(Ortalis cinereiceps)* y el tinamu chico *(Crypturellus soui)*.

El Instituto Smithsonian de Investigaciones Tropicales acaba de concluir un ambicioso programa para ampliar y remodelar completamente sus bibliotecas, auditorios e instalaciones de investigación científica en la isla y en el moderno Centro Tupper, que éste mantiene abierto al público en el área de Ancón, en la ciudad de Panamá (tel. (507) 227-6022). Como parte de este programa, se ha construido un moderno centro de visitantes en la isla de Barro Colorado, que puede ser visitado previa reservación con el Instituto (tel. (507) 227-6021). La isla cuenta además con dos senderos naturales, que se recorren con la ayuda de guías especializados.

A LA IZQUIERDA, LAS SELVAS HÚMEDAS TROPICALES del área protegida. Arriba, un gato solo, especie muy abundante.

LEFT, THE MOIST TROPICAL FORESTS OF the protected area. Above, a 'gato solo', a very abundant species on the island.

The Smithsonian Tropical Research Institute has just completed an ambitious programme to extend and completely remodel its libraries, auditoria and scientific research facilities on the island and in the modern Tupper Centre, which the Institute keeps open to the public in the Ancón area in Panama City (tel. (507) 227-6022). As part of this programme, a modern visitor centre has been built on Barro Colorado Island, which can be visited by booking in advance with the Institute (tel. (507) 227-6021). The island also has two nature trails, which can be followed with the aid of specialist guides.

Creado en 1966, Altos de Campana fue el primer parque nacional de Panamá. En sus bosques húmedos tropicales (derecha y arriba) se desarrolla una vegetación exuberante.

Created in 1966, Altos de Campana was the first national park in Panama. Its moist tropical forests (right and above) contain luxuriant plantlife.

Parque Nacional y Reserva Biológica Altos de Campana

Establecido en el año de 1966, Campana fue el primer parque nacional de la República de Panamá, por lo que tiene un alto valor histórico y simbólico para la comunidad ambientalista panameña. En una extensión de sólo 4.817 hectáreas, el parque protege bosques húmedos tropicales, muy húmedos premontanos, muy húmedos tropicales y pluviales premontanos, que a pesar de la intensa intervención humana en la zona aún incluyen más de 26 especies de plantas vasculares endémicas de Panamá. Sus espectaculares vistas panorámicas de las costas del Pacífico y los amplios paisajes que se aprecian desde lo alto de Campana son sumamente atractivos.

Como una extensión de la formación ígnea del volcán de El Valle de Antón, el cerro Campana y sus áreas aledañas incluyen imponentes acantilados, tobas volcánicas, campos de lava y numerosas otras manifestaciones de sus orígenes ígneo-extrusivos. Ubicado muy cerca a las costas de Chame y sus planicies aluviales, el parque se eleva rápidamente desde su punto más bajo, a unos 400 metros sobre el nivel del mar, por terrenos quebrados y de grandes pendientes hasta alcanzar su máxima elevación en el cerro Campana de 850 metros de altitud. Desde numerosos puntos del parque se observan espectaculares vistas de la bahía de Chame, claramente delimitada por la punta Chame, y de los extensos manglares que cubren la boca del río Chame en su desembocadura en la bahía del mismo nombre.

Los principales ríos de la zona tienen sus nacimientos y cabeceras en el área protegida, incluyendo al propio río Chame, al río Perequeté y al río Caimito, que llevan sus aguas directamente al cercano litoral pacífico. Dentro de la cuenca hidrográ-

Altos de Campana National Park and Biological Reserve

Established in 1966, Campana was the first national park in the Republic of Panama, and so it is of great historical and symbolic value to the environmentalist community of Panama. Over an area of only 4,817 hectares, the park protects moist tropical forests, very moist premontane forest, very moist tropical forest and premontane rainforest, which in spite of intense human intervention in the area still includes over 26 species of vascular plants endemic to Panama. The spectacular panoramic views of the Pacific coasts and scenery that can be enjoyed from the top of Campana are very appealing.

Like an extension of the igneous El Valle de Antón Volcano, Campana Hill and the adjacent areas include imposing cliffs, volcanic rocks, lava fields and many other signs of its volcanic origins. Lying very close to Chame's coasts and alluvial plains, the park rises steeply from its lowest point, some 400 metres above sea level, and extends over rough terrain and extensive slopes to reach its maximum height on Cerro Campana, 850 metres high. From many points of the park there are spectacular views of Chame Bay, clearly marked by Chame Point, and of the extensive mangrove areas covering the mouth of the Chame, where it flows into Chame Bay.

The main rivers in the area rise in the protected zone. They include the River Chame itself, the River Perequeté and the River Caimito, the waters of which flow directly to the nearby Pacific coast. Within the hydrographic basin of the Panama Canal, the park also protects the headwaters of the River Trinidad and of several of its main tributaries, which

La amazona harinoso, con unas dimensiones entre 36 y 38 centímetros, es la mayor de las amazonas panameñas. Se trata de una especie básicamente forestal.

The mealy amazon, measuring between 36 and 38 centimetres, is the largest of the Panamanian amazon parrots. It is basically a forest species.

La fotografía superior derecha nos muestra los imponentes acantilados en las proximidades del Cerro Campana. Arriba, la amenazada ranita dorada.

The upper right photo illustrates the formidable cliffs near Cerro Campana. Above, the endangered golden frog.

fica del Canal de Panamá el parque también protege las cabeceras del río Trinidad y de varios de sus principales afluentes, lo que supone un beneficio económico evidente para el país. Consecuencia de su altitud, la temperatura media anual del parque es de 24° C, mientras que la precipitación supera los 2.500 mm anuales. El alto grado de endemismo de la flora del parque es producto del aislamiento climático de las secciones más altas de Campana, creando una típica isla biogeográfica en la que predominan los musgos, las orquídeas, las bromelias y las epífitas. Entre las especies endémicas y raras que se pueden apreciar en el área se encuentran *Chione campanensis*, *Unonopsis panamensis*, *Amphitecna spathicalyx*, *Guzmania filiorum* y *Zeugites panamensis*.

Una de las aves más bellas del parque es sin duda el trogón ventrianaranjado *(Trogon aurantriiventris)*, el más común entre

represent an obvious economic benefit for the country. As a result of its altitude, average annual temperature in the park is 24° C, while precipitation exceeds 2,500 mm annually.

The high number of plant endemisms in the park is the result of the climatic isolation of the highest parts of Campana, creating a typical biogeographical island where mosses, orchids, bromeliads and epiphytes predominate. Among the endemic and rare species that can be enjoyed in the area are: *Chione campanensis*, *Unonopsis panamensis*, *Amphitecna spathicalyx*, *Guzmania filiorum* and *Zeugites panamensis*.

One of the most beautiful birds in the park is without a doubt the orange-bellied trogon *(Trogon aurantriiventris)*,

ARRIBA, UNA HOJA JOVEN DE HELECHO. EN LAS PÁGINAS siguientes, el bosque muy húmedo premontano con su característica neblina y un tucancillo collarejo.

ABOVE, A YOUNG FEARN LEAF. ON THE following pages, very moist premontane forest with its characteristic mist, and a collared aracari.

los trogones de la zona. También destacan el colibrí ventrivioleta *(Damophila julie panamensis)*, el inconfundible pico-de-hoz puntiblanco *(Eutoxeres aquila)* y el calzonario patirrojo *(Chalybura urochrysia)*, todos protegidos internacionalmente con su inclusión en el Apéndice 2 de la Convención Internacional sobre el Tráfico de Especies (CITES).

Grupos del elegante e inconfundible elanio tijereta *(Elanoides forficatus)* se pueden observar mientras surcan los cielos de Campana, a su paso por Panamá en sus migraciones continentales, que se registran principalmente al principio del verano (enero y febrero) y a mediados de año (entre junio y septiembre).

Entre los anfibios destaca la rana gigante *(Leptodactylus pentadactylus)*, sin duda alguna el anfibio panameño de mayor tamaño, que emite una poderosa llamada que se escucha a gran distancia, así como el sapo espinoso *(Bufo coniferus)* y las ranitas venenosas ventriazul *(Dendrobates minutus)* y verde y negra *(Dendrobates auratus)*.

En Campana se encuentra a disposición del público un excelente sendero natural interpretativo en el que se pueden observar habitualmente perezosos de dos dedos *(Choloepus hoffmani)* y de tres dedos *(Bradypus variegatus)*, así como gato solos *(Nasua narica)* y mapaches *(Procyon cancrivorus)*.

El sendero fue realizado por la Dirección del parque con la colaboración de la Universidad de Panamá, y existe una guía ilustrada de gran utilidad para el visitante, disponible en las oficinas administrativas del ANAM en el parque (tel. (507) 244-0092). A Campana se accede cómodamente desde la ciudad de Panamá por carretera en aproximadamente 90 minutos.

the most common of the area's trogons. Also worthy of special mention are the violet-bellied hummingbird *(Damophila julie panamensis)*, the unmistakable white-tipped sicklebill *(Eutoxeres aquila)* and the bronze-tailed plumeleteer *(Chalybura urochrysia)*, all protected internationally through their inclusion on Appendix 2 of the International Convention on Traffic in Endangered Species (CITES).

Groups of the elegant and unmistakable american swallow-tailed kite *(Elanoides forficatus)* can be seen plying through the Campana skies on their way through Panama during their continental migrations, which occur mainly at the beginning of the summer (January and February) and in the middle of the year (between June and September).

Among the amphibians, the giant frog *(Leptodactylus pentadactylus)* stands out. Without doubt the largest amphibian in Panama, its very loud call can be heard from far away. Also noteworthy are the toad *(Bufo coniferus)*, the poisonous frog *(Dendrobates minutus)* and the black frog *(Dendrobates auratus)*.

In Campana, the public can use an excellent nature trail from where it is usually possible to see two-toed sloths *(Choloepus hoffmani)* and three-toed sloths *(Bradypus variegatus)*, coatis *(Nasua narica)* and raccoons *(Procyon cancrivorus)*.

The path was built by the park management in conjunction with Panama University, and there is a very useful illustrated visitor's guide available in the park's ANAM administrative offices (tel. (507) 244-0092). Campana can be reached by road without difficulty from Panama City in approximately 90 minutes.

El tigrillo congo es uno de los predadores más difíciles de observar en las áreas protegidas de la Cuenca del Canal.

The jaguarundi is one of the most difficult predators to spot in the protected areas of the Canal basin.

PARQUE NACIONAL CAMINO DE CRUCES

El Parque Nacional Camino de Cruces protege más de 4.550 hectáreas de bosques húmedos tropicales en la cuenca hidrográfica del Canal de Panamá, además de garantizar el flujo ininterrumpido de especies entre los parques Soberanía y Metropolitano y la continuidad de los procesos ecológicos en el área.

La riqueza y variedad de su flora y fauna se complementan con el gran valor histórico y cultural del Camino Real de la época colonial conocido como Camino de Cruces. Los colonizadores españoles utilizaban este camino para transportar el oro y los tesoros precolombinos procedentes de Perú, Baja California y Chile desde la ciudad de Panamá hasta Portobelo, desde donde partían con dirección a Europa. El parque, al que se accede fácilmente, se ubica en las afueras de la ciudad de Panamá. Está administrado por la Autoridad Nacional del Ambiente, ANAM (tel. (507) 229-7885), que mantiene abiertos a los visitantes importantes tramos del histórico camino colonial español que dio su nombre a la reserva y que la une con el parque Soberanía.

PARQUE NATURAL METROPOLITANO

El Parque Natural Metropolitano, el bosque más accesible de Centroamérica, es un área natural de 265 hectáreas situada muy próxima a los límites de la ciudad de Panamá, lo que hace que tenga un gran valor educativo y recreativo para la población de la capital. En el parque se observan habitualmente numerosas especies de aves y de otros vertebrados propios del bosque húmedo tropical, como el mono tití *(Saguinus geoffroyi)*, el ñeque *(Dasyprocta punctata)*, la guacamaya rojiverde *(Ara chloroptera)*, el trogón colipizarra *(Trogon massena)*, la ardilla *(Sciurus variegatoides)*, la iguana verde *(Iguana iguana)*... A pesar de no estar dentro de la Cuenca del Canal, limita con ésta y forma parte del vital conjunto de áreas protegidas de la región transístmica panameña.

Está administrado por un Patronato independiente que preside el alcalde del Municipio de Panamá y que proporciona una información detallada sobre esta reserva en su sede administrativa, ubicada en la Vía Ascanio Villalaz y Vía Juan Pablo II (tel. (507) 232-5516), a sólo 20 minutos del centro de la ciudad. El personal y los guardaparques de la reserva mantienen abiertos y a disposición del público varios senderos naturales desde los que se pueden observar sus bosques y paisajes, así como unas espectaculares vistas panorámicas de la capital.

ÁREA RECREATIVA LAGO GATÚN

El Área Recreativa Lago Gatún consta de 348 hectáreas de bosques húmedos tropicales situados sobre las costas del lago Gatún, en la provincia de Colón, un embalse artificial creado en 1914 con las aguas del poderoso río Chagres para asegurar el funcionamiento de las esclusas del Canal.

CAMINO DE CRUCES NATIONAL PARK

Camino de Cruces National Park protects over 4,550 hectares of moist tropical forests in the hydrographic basin of the Panama Basin besides ensuring the uninterrupted flow of species between Soberanía and Metropolitano Parks and the continuity of the ecological processes in the area.

The richness and variety of its flora and fauna are complemented by the great historical and cultural value of the Camino Real from the colonial period known as the Camino de Cruces. The Spanish colonists used the road to transport pre-Columbian gold and treasure taken from Peru, Baja California and Chile from Panama City to Portobelo, from where they were shipped to Europe. The easily accessible park lies on the outskirts of Panama City. It is run by the Autoridad Nacional del Ambiente, ANAM, (tel. (507) 229-7885), which keeps open important sections of the historic Spanish colonial road that gave the reserve its name and joins it to Soberanía Park.

METROPOLITANO NATURE PARK

Metropolitano Nature Park, the most accessible forest in Central America, is a natural area of 265 hectares lying very close to the boundaries of Panama City, which means it is of great educational and recreational value to the capital's population.

In the park, it is possible to see many species of birds and other vertebrates peculiar to moist tropical forest, such as Geoffroy's tamarin *(Saguinus geoffroyi)*, agouti *(Dasyprocta punctata)*, red-and-green macaw *(Ara chloroptera)*, spaty-tailed trogon *(Trogon massena)*, squirrel *(Sciurus variegatoides)*, the iguana *(Iguana iguana)*, etc. Despite not being within the Canal basin, it borders the latter and forms part of the vital group of protected areas of the trans-Isthmus region of Panama.

It is run by an independent board headed by the Panama District mayor. Detailed information on this reserve is available at the administrative H.Q. in Vía Ascanio Villalaz and Vía Juan Pablo II (tel. (507)232-5516) only 20 minutes from the city centre. The staff and reserve rangers keep several trails open and available to the public. From them, visitors can view the forests and scenery and enjoy spectacular panoramic views of the capital.

El Parque Natural Metropolitano, situado a las puertas de la ciudad de Panamá, es el bosque más accesible de toda Centroamérica.

The Metropolitano Nature Park, situated at the gates to Panama City, is the most accessible forest in all Central America.

LAGO GATÚN (LAKE GATÚN) RECREATION AREA

Lake Gatún Recreation Area consists of 348 hectares of moist tropical forests on the shores of Lake Gatún in Colón (Columbus) Province, and a reservoir created in 1914 with water from the surging River Chagres to ensure the working of the Canal's sluices.

A LA DERECHA, UN TRAMO DEL HISTÓRICO CAMINO COLONIAL utilizado por los españoles para transportar el oro y otras riquezas de la ciudad de Panamá a Portobelo. Arriba, una mariposa del género *Morpho* y, a la izquierda, el lago Gatún.

RIGHT, A SECTION OF THE HISTORICAL COLONIAL road used by the Spanish to transport gold and other riches from Panama City to Portobelo. Above, a butterfly of the genus *Morpho* and, left, Lake Gatún.

UNA ORQUÍDEA DEL GÉNERO *GÓNGORA*
y un bello atardecer sobre el Parque Nacional
Camino de Cruces.

AN ORCHID OF THE GENUS *GÓNGORA*
and a beautiful sunset over Camino de Cruces
National Park.

En sus aguas destaca la presencia del introducido pez sargento *(Cichla ocellaris)*, de origen amazónico. Es un pez muy agresivo y su pesca no sólo representa un excelente complemento a la dieta de las comunidades de sus riberas sino que es también un importante reclamo turístico ya que es muy buscado por los pescadores deportivos debido a su abundancia y agresividad.

Desde las costas de esta área recreativa se pueden observar los barcos que transitan por el Canal de Panamá, además de la fauna y flora típicas de la vertiente caribeña del centro del Istmo, que sus senderos naturales hacen accesibles a visitantes de todas las edades.

Está administrado por la Autoridad Nacional del Ambiente, ANAM (tel. (507) 441-9282), que proporciona en el área facilidades básicas y mantiene un personal especializado para atender a los visitantes. La zona es accesible en vehículo desde las ciudades de Colón (unos 20 minutos del centro) y de Panamá (1 hora).

Its waters contain the noteworthy introduced fish 'sargento' *(Cichla ocellaris)*, which is of Amazonian origin. Catching this very aggressive fish not only represents an excellent complement to the diet of the riverside communities, but is also an important tourist attraction as it is much sought after by sports fishermen due to its abundance and aggressive behaviour.

From the coasts of this recreational area, it is possible to see the boats that travel along the Panama Canal, as well as animal and plant life typical of the Caribbean-facing slope of the centre of the Isthmus. Nature trails make all three accessible to visitors of all ages. It is run by the Autoridad Nacional del Ambiente ANAM (tel. (507) 441-9282), which provides basic facilities and maintains specialised personnel to attend to visitors. The area is accessible by vehicle from the city of Colón (about 20 minutes from the centre) and from Panama City (1 hour).

UNA ORQUÍDEA DEL GÉNERO *RODRIGUEZIA* y uno de los muchos colosos forestales a la vera del camino colonial.

AN ORCHID OF THE GENUS *RODRIGUEZIA* and one of the many forest colossi at the edge of the colonial road.

Azuero y la Cordillera Central

En la región de Azuero, los espacios naturales protegidos se caracterizan por su diversidad. Estos van desde zonas totalmente desérticas, como en el Parque Nacional Sirigua, hasta densos bosques tropicales, como en el Parque Nacional Omar Torrijos (derecha). Junto a estas líneas, grandes hongos sobre el tronco de un árbol.

In the Azuero region, the protected natural areas are characterised by their diversity. They vary from totally desert-like areas, such as Sirigua National Park, to dense tropical forests, such as Omar Torrijos National Park (right). Left, large fungi on a tree trunk.

Esta araña, característica del bosque húmedo tropical, prepara su tela que se convertirá en trampa mortal para otros invertebrados.

A spider, typical of moist tropical forests, spins its web, which will become a deadly trap for other invertebrates.

Parque Nacional Cerro Hoya

El Parque Nacional Cerro Hoya, o Tres Cerros, protege 32.557 hectáreas de algunos de los bosques y paisajes naturales más amenazados y espectaculares de la República de Panamá, ubicados en el extremo suroccidental de la península de Azuero, sobre las costas del Pacífico panameño.

El parque está conformado por las rocas más antiguas del Istmo, típicas de las extrusiones submarinas que durante el Cretácico Superior formaron un archipiélago de islas volcánicas, que posteriormente emergió del mar para formar el Istmo de Panamá. Su origen volcánico se manifiesta en los tres cerros que dan nombre a la reserva y que son los más altos de la región. El Cerro Hoya es el punto más alto de todo Azuero con una altura de 1.559 metros sobre el nivel del mar, mientras que sus dos picos vecinos se alzan respectivamente hasta los 1.534 y los 1.478 metros de altitud.

El macizo de Cerro Hoya se ubica en su totalidad en la zona costera de Azuero, alcanzando su máxima altura a sólo 15 kilómetros de la costa. Por otro lado, en la zona marina del Pacífico inmediatamente colindante con el límite sur del parque, la formidable depresión submarina del Cañón de Azuero alcanza profundidades de más de 3.500 metros a sólo 40 kilómetros de distancia del Cerro Hoya.

Las importantes diferencias de altitud en distancias muy cortas que se dan en el parque crean diferentes climas con temperaturas medias anuales que oscilan entre los 26° C de las zonas costeras más bajas, hasta los 20° C de sus puntos más altos. Las precipitaciones medias anuales también varían desde un mínimo de unos 2.000 mm anuales en las zonas bajas y menos accidentadas cercanas a la costa, hasta un máximo de 4.000 mm en las cimas y los filos de montaña más altos del parque.

Cerro Hoya es una importante reserva hidrológica de gran valor económico para la región suroeste de Azuero, ya que los principales ríos de esta región nacen en esta área protegida, entre ellos el Tonosí, el Guánico, el Cobachón, el Punta Blanca, el Sierra, el Varadero y el Pavo. Estos cursos de agua poseen espectaculares cascadas, pozas de aguas transparentes y parajes naturales de singular belleza.

Las grandes variaciones de altura y de clima que definen la orografía del Parque Nacional Cerro Hoya permiten el desarrollo de diversos ecosistemas. Desde el bosque pluvial montano bajo localizado en sus cumbres y filos más altos, se desciende en transiciones altitudinales a bosques muy húmedos montanos bajos, bosques pluviales premontanos, bosques muy húmedos premontanos y finalmente a bosques húmedos tropicales que se encuentran en las zonas costeras más bajas del área protegida. El parque comprende además una franja litoral que va desde la desembocadura del río Ventana hasta la desembocadura del río Restingue, incluyendo las islas Restingue y la plataforma continental que las rodea hasta los 100 metros de profundidad. Dicha franja incluye cayos, arrecifes de coral, islas, acantilados costeros y paisajes marinos de una gran belleza escénica, así como pequeñas extensiones de manglar en las costas.

El espectacular Parque Nacional Coiba, ubicado a unos 75 kilómetros de distancia al oeste de sus costas, y el Parque Na-

Cerro Hoya National Park

Cerro Hoya or Tres Cerros National Park protects 32,557 hectares of some of the most spectacular and threatened forests and natural landscapes in the Republic of Panama, situated at the south-western end of Azuero Peninsula on the coasts of the Panamanian Pacific.

The park is made up of the oldest rocks on the Isthmus, typical of the submarine extrusions that formed an archipelago of volcanic islands during the Upper Cretaceous, which subsequently emerged from the sea to form the Isthmus of Panama. Its volcanic origin is evident in the three mountains that give the reserve its name, and which are the highest in the region. Cerro Hoya, at 1,559 metres above sea level, is the highest point in all Azuero, while the two neighbouring peaks stand at 1,534 m and 1,478 m.

All of the Cerro Hoya Massif lies in the coastal area of Azuero, reaching maximum height only 15 kilometres from the coast. Moreover, in the marine zone of the Pacific, immediately adjacent to the park's southern boundary, the formidable underwater Cañón de Azuero depression reaches depths of over 3,500 metres only 40 kilometres from Cerro Hoya.

The big differences in altitude over very short distances that occur in the park create different climates with mean annual temperatures ranging from 26° C in the lowest coastal zones to 20° C at the highest points. Mean annual precipitations also vary from a minimum of around 2,000 mm annually in the lowest and least rough areas near the coast to a maximum of 4,000 mm on the highest mountain peaks and ridges in the park.

Cerro Hoya is an important hydrological reserve of great economic value for the south-western area of Azuero, as the region's main rivers, including the Tonosí, Guánico, Cobachón, Punta Blanca, Sierra, Varadero and the Pavo rise in this protected area. These water courses have spectacular waterfalls, transparent pools and extraordinarily beautiful natural scenery.

The great variations in altitude and climate that characterise the orography of Cerro Hoya National Park allow diverse ecosystems to develop. From the low montane rain forest on the highest peaks and ridges, the declining altitude gives rise to very moist low montane forest, premontane rain forest, very moist premontane forest and, finally, to the moist tropical forest in the lowest coastal zones of the protected area. The park also includes a coastal strip that goes from the mouth of the Ventana River to the mouth of the River Restingue, including the islands of Restingue and the continental platform surrounding them, down to a depth of 100 metres. This strip includes keys, coral reefs, islands, coastal cliffs and marine landscapes of great scenic beauty, as well as small areas of mangrove on the coasts.

The spectacular Coiba National Park, lying 75 kilometres west of its coasts, and Cerro Hoya National Park together form a natural unit of extraordinary beauty and biological diversity, which guarantees the future of the natural communities and species of Azuero and of the central Pacific coastal region of the country. The two southern ends of the Isthmus of Panama come within these two protected natural areas. They are the

Numerosas y variadas orquídeas se desarrollan en el Parque Nacional Cerro Hoya, como la espectacular *Restrepia contorta.*

Many and varied orchids, such as the spectacular *Restrepia contorta,* grow in Cerro Hoya National Park

EN ESTE PARQUE NACIONAL TODAVÍA SE PUEDE CONTEMPLAR A LA AMENAZADA GUACAMAYA ROJA (ARRIBA), cuya área de distribución ha quedado prácticamente reducida a Cerro Hoya y al vecino Parque Nacional de Coiba. A la derecha, un manigordo que encuentra aquí su último reducto en toda la región de Azuero. A la izquierda, una vistosa planta del bosque húmedo tropical.

IN THIS NATIONAL PARK IT IS STILL POSSIBLE TO SEE THE THREATENED SCARLET MACAW (ABOVE), whose distribution area has virtually been reduced to Cerro Hoya and neighbouring Coiba National Park. Right, an ocelot, a species which here has its last stronghold in the whole Azuero region. Left, a colourful moist tropical forest plant.

LAS PALMAS DE COCO SUELEN SER ABUNDANTES EN LA franja litoral que va desde la desembocadura del Ventana hasta la del Restingue.

THERE ARE USUALLY LOTS OF COCONUT PALMS along the coastal strip that goes from the mouth of the Ventana to the mouth of the Restingue.

cional Cerro Hoya forman un conjunto natural de singular belleza y diversidad biológica que garantiza el futuro de las comunidades naturales y de las especies propias de Azuero y de la región costera del Pacífico central del país. Los dos extremos sur del territorio geográfico del Istmo de Panamá se encuentran dentro de estas dos áreas naturales protegidas: la punta sur de la isla de Jicarita (en el archipiélago de Coiba) y la punta más al sur de la punta Mariato (en Cerro Hoya).

En las zonas rocosas y los acantilados costeros son comunes el poro poro *(Cochlospermum vitifolium)* y la caracucha *(Plumeria acutifolia)*, mientras que en las playas se observan con frecuencia palmas de coco *(Cocos nucifera)*. Los bosques del parque escalan sus empinadas laderas desde el mismo litoral con árboles imponentes de cedro espino *(Bombacopsis quinatum)* en sus zonas costeras más áridas. Las especies forestales más comunes en el área protegida son la caoba *(Swietenia macrophylla)*, el espavé *(Anacardium excelsum)*, el guayacán *(Tabebuia guayacan)*, el cuipo *(Cavanillesia platanifolia)*, el roble *(Tabebuia rosea)*, la ceiba *(Ceiba pentandra)* y el barrigón *(Pseudobombax septenatum)*.

En los puntos más altos del parque se localiza el bosque pluvial montano bajo, con sus característicos árboles achaparrados completamente tapizados de epífitas y orquídeas, una comunidad natural poco frecuente en el país, de una singular belleza natural. En los bosques del Parque Nacional Cerro Hoya se han censado más de 95 especies de aves, entre ellas la pava crestada *(Penelope purpurascens)*, el pavón *(Crax rubra)*, y los tinamú chico *(Crypturellus soui)* y grande *(Tinamus major)*, que prácticamente han desaparecido del resto de la provincia de Azuero. El espectacular perico pintado *(Pyrrhura picta)*, descubierto recientemente y endémico de la región sur de Azuero, es una de las muchas especies que sobreviven en el área gracias a la conservación de los bosques de esta reserva. Todavía se le puede observar en las partes más bajas y en los límites de los bosques del parque.

En Cerro Hoya aún se conservan poblaciones reducidas de la espectacular y amenazada guacamaya roja *(Ara macao)*, antes común en todo el oriente del Istmo y hoy localizada exclusiva-

southern point of Jicarita Island (on the Coiba Archipelago) and the southernmost tip of Mariato Point (on Cerro Hoya).

In the rocky areas and the coastal cliffs, 'poro poro' *(Cochlospermum vitifolium)* and 'caracucha' *(Plumeria acutifolia)* are common. On the beaches, there are often coconut palms *(Cocos nucifera)*. The park forests scale its steep slopes from the coast with impressive trees like spiny cedar *(Bombacopsis quinatum)* on their most arid coasts. The most common forest species are mahogany (*Swietenia macrophylla)*, espave *(Anacardium excelsum)*, guayacan *(Tabebuia guayacan)*, 'cuipo' *(Cavanillesia platanifolia)*, oak *(Tabebuia rosea)*, silk cotton tree *(Ceiba pentandra)* and the 'barrigón' *(Pseudobombax septenatum)*.

At the highest points in the park, the low montane rain forest, with its characteristic short thick trees completely covered in epiphytes and orchids, is an uncommon, but extraordinarily beautiful natural community in Panama. In the forests of Cerro Hoya National Park, over 95 bird species have been recorded, including crested guan *(Penelope purpurascens)*, great curassow *(Crax rubra)*, and the little tinamou *(Crypturellus soui)* and great tinamou *(Tinamus major)*, which have virtually disappeared from the rest of Azuero Province. The spectacular painted parakeet *(Pyrrhura picta)*, recently discovered and endemic to the south of Azuero, is one of the many species that survive in the area thanks to the fact that this reserve's forests are conserved. It can still be seen in the lower parts and on the park's forest boundaries.

In Cerro Hoya, there are still small populations of the spectacular and threatened scarlet macaw *(Ara macao)*, once common in the whole eastern part of the Isthmus and nowadays only found in this park and in Coiba. On the peaks and in the valleys of the protected area, it is common to see the enormous king vulture *(Sarcoramphus papa)* in flight with its unmistakable white plumage, and the American swallow-tailed kite *(Elanoides forficatus)* with its singular acrobatic flight. In the coastal areas, the osprey *(Pandion haliaetus)* and mangrove black-hawk *(Buteogallus subtilis)* can quite often be seen.

The paca *(Agouti paca)*, white-tailed deer *(Odoicoleus virginianus)* and agouti *(Dasyprocta punctata)* still maintain large

EN LA FRANJA LITORAL DEL PARQUE QUE INCLUYE PLAYAS, acantilados, esteros, arrecifes de coral y cayos, también están presentes los manglares (arriba).

ON THE PARK'S COASTAL STRIP THERE ARE beaches, cliffs, bays, coral reefs, keys and mangrove swamps (above).

A LA DERECHA, EL BOSQUE PLUVIAL PREMONTANO DE LAS zonas más elevadas del área protegida. Arriba, la orquídea *Encyclia brasavolae.*

RIGHT, THE PREMONTANE RAIN FOREST IN the highest parts of the protected area. Above, the orchid *Encyclia brasavolae.*

mente en este parque y en Coiba. Sobre las cimas y valles del área protegida es habitual ver volar al enorme gallinazo rey *(Sarcoramphus papa)*, con su inconfundible plumaje blanco, y a los elanios tijereta *(Elanoides forficatus)*, con su singular vuelo acrobático. En las áreas costeras pueden verse con relativa frecuencia al águila pescadora *(Pandion haliaetus)* y al gavilán manglero *(Buteogallus subtilis)*.

Los conejos pintados *(Agouti paca)*, los venados blancos *(Odoicoleus virginianus)* y los ñeques *(Dasyprocta punctata)* aún mantienen poblaciones importantes en el parque, aunque la gran presión cinegética y la deforestación en el resto de la región los hacen cada vez menos comunes. El jaguar *(Panthera onca)* y el manigordo *(Felis pardalis)* encuentran igualmente en Cerro Hoya su último reducto en toda la región de Azuero.

Los grupos ambientalistas azuerenses Círculo de Estudios Científicos Aplicados (CECA) y CIPA Panamá, capítulo nacional del Consejo Internacional para la Protección de las Aves, jugaron un papel clave en el establecimiento de esta importante reserva natural, administrada por la Autoridad Nacional del Ambiente, ANAM.

Considerada la cuna de la cultura y la nacionalidad panameñas, la región de Azuero es fácilmente accesible en vehículo desde la ciudad de Panamá. Sin embargo, el Parque Nacional Cerro Hoya se encuentra en el área más remota e inaccesible de Azuero y no cuenta con infraestructuras básicas para los visitantes, por lo que se recomienda contactar previamente a la Oficina Regional del ANAM en la provincia de Los Santos (tel. (507) 994-0363), ubicada en la población de Las Tablas, antes de visitar la reserva. El ANAM mantiene igualmente dos subsedes para atender al parque, una en la comunidad de Tonosí, provincia de Los Santos (tel. (507) 995-8180), y la otra en el área de Restingue, provincia de Veraguas (tel. (507) 998-4271). Al parque se puede acceder por mar desde los puertos de Los Buzos, en Tonosí, y de Restingue, en Montijo, previa coordinación con el personal del ANAM.

The environmental groups of the Círculo de Estudios Científicos Aplicados (CECA) of Azuero and CIPA Panama, national chapter of the International Council for the Protection of Birds, played key roles in the creation of this important natural reserve, which is administered by the Autoridad Nacional del Ambiente, ANAM.

Considered the cradle of Panamanian culture and nationality, the Azuero region is easily accessible by vehicle from Panama City. However, Cerro Hoya National Park is in the most remote and inaccessible part of Azuero and does not have basic infrastructures for visitors. Therefore, it is advisable to contact the Regional Office of ANAM in Los Santos Province (tel. (507) 994-0363) in the town of Las Tablas before visiting the reserve. ANAM also has two branch offices for park business, one in Tonosí, Los Santos Province (tel. (507) 995-8180), and the other in the Restingue area, Veraguas Province (tel. (507) 998-4271). The park can be reached by sea from the ports of Los Buzos in Tonosí, and Restingue in Montijo, following prior consultation with the ANAM staff.

ARRIBA, UNO DE LOS NUMEROSOS CURSOS de agua que recorren el parque nacional. A la izquierda, la orquídea *Lemboglossum nortensiae.*

ABOVE, ONE OF THE MANY WATER COURSES that cross the national park. Left, the orchid *Lemboglossum nortensiae.*

populations in the park although the great hunting pressure and deforestation in the rest of the region make them increasingly less common. The jaguar *(Panthera onca)* and ocelot *(Felis pardalis)* are also found in Cerro Hoya, their last stronghold in all the Azuero region.

Sarigua se localiza en la región más árida de Panamá, formando un paisaje desértico, único en el país.

Located in the country's driest region, the Sariagua desert landscape is unique in Panama.

Parque Nacional Sarigua

El Parque Nacional Sarigua comprende 8.000 hectáreas de manglares, costas y áreas completamente desforestadas en la provincia de Herrera, en la bahía de Parita. Los desolados parajes de sus planicies costeras presentan suelos y arenas completamente desnudos y devastados, con apariencia desértica, formando un paisaje impactante que es único en todo Panamá.

El área de Sarigua ocupa una franja litoral sobre el Pacífico entre las desembocaduras de los ríos Santa María y Parita, en la bahía del mismo nombre, en la zona central del país. Las costas del parque están dominadas por manglares que tienen una gran importancia para la economía regional del área, en la que la pesca artesanal y el cultivo del camarón juegan un papel relevante.

El área protegida se extiende sobre un frágil ecosistema costero conocido como "albina". Se trata de una zona completamente desforestada y devastada por la acción colonizadora de los pobladores del área en la segunda mitad del siglo xx. Los endebles bosques costeros del parque, que originalmente llegaban hasta los manglares, fueron destruidos en su totalidad para transformarlos en potreros y áreas de pastoreo, dejando los pobres y ácidos suelos de la zona expuestos a la erosión causada por los fuertes vientos, las lluvias de invierno y las mareas.

Sarigua se ubica en el corazón del arco seco de Azuero, la región más árida del Istmo de Panamá, con una precipitación media anual de unos 1.100 mm. Esta zona no es sólo una de las más calientes del Istmo, con una temperatura media anual superior a los 27° C, sino que también recibe uno de los mayores porcentajes medios de luz solar y registra uno de los mayores impactos, por frecuencia y velocidad del viento, de todo el país. La destrucción de estos bosques y de estos frágiles ambientes costeros ha tenido unas profundas y permanentes consecuencias sobre los ecosistemas de la región.

SARIGUA NATIONAL PARK

SARIGUA NATIONAL PARK covers 8,000 hectares of mangrove swamps, coasts and completely deforested areas in the province of Herrera, Parita Bay. The desolate landscapes of its coastal plains consist of completely denuded and devastated, desert-like soils and sands, forming a striking landscape that is unique in the whole of Panama.

The Sarigua area occupies a coastal fringe on the Pacific side between the mouths of the Rivers Santa María and Parita in the bay of the same name in the central part of the country. The park's coasts mainly consist of mangrove swamps that are very important for the regional economy in which subsistence fishing and shrimp farming play a relevant role.

The protected area extends over a fragile coastal ecosystem known as 'albina'. It is a completely deforested area that was devastated by the colonising activities of the local people in the second half of the twentieth century. The fragile coastal forests of the park, which originally extended as far as the mangrove swamps, were totally destroyed to make them into livestock breeding areas and grazing land, leaving the poor, acid soils of the area exposed to erosion by strong winds, winter rains and the tides.

Sarigua is situated in the heart of the dry arc of Azuero, the most arid region on the Isthmus of Panama, with average annual precipitation of 1,100 mm. This area is not only one of the hottest on the Isthmus, with an average annual temperature over 27° C, but also experiences one of the highest percentages of sunlight and one of the biggest impacts in terms of wind speed and frequency in the whole country. The destruction of these forests and fragile coastal environments has had profound and permanent consequences on the region's ecosystems.

In the park, there are lunar-like landscapes with red soils, totally exposed to the elements, devoid of vegetation and riven by deep cracks and gullies caused by erosion. Every year in the dry season or summer, between December and May, the strong

ALGUNAS MASAS FORESTALES DEL BOSQUE SECO quedan aún en pie en este espacio protegido agostado por la erosión.

SOME TRACTS OF DRY FOREST still exist in this severely eroded protected area.

LAS COSTAS DE ESTE PARQUE NACIONAL ESTÁN dominadas por los manglares (arriba). A la derecha, el frágil ecosistema litoral conocido como "albina"

ON THE COASTS OF THIS NATIONAL PARK, mangrove swamps predominate (above). Right, the fragile coastal ecosystem known as 'albina'.

POCOS PAISAJES PUEDEN COMPARARSE CON LOS de Sarigua, los cuales, a pesar de su aridez poseen una inconmensurable belleza .

FEW LANDSCAPES CAN COMPARE WITH those of Sarigua, which despite their extreme aridity are incomparably beautiful.

En el parque existen paisajes de aspecto lunar con suelos rojos expuestos totalmente a los elementos naturales, desprovistos de vegetación y atravesados por profundas grietas y cárcavas producidas por la erosión. Durante la época seca o de verano, entre diciembre y mayo de cada año, los fuertes vientos característicos del área levantan enormes nubes de tierra y arena que causan un enorme impacto sobre los terrenos y habitantes de las proximidades. Estas nubes o tormentas de tierra se han llegado a registrar en la cima del cerro Canajagua, situado unos 45 kilómetros al sur de Sarigua y a 830 metros de altitud sobre el nivel del mar.

El Parque Nacional Sarigua se ha convertido en un importante reclamo turístico en la región de Azuero, al que llegan visitantes de todo Panamá para recorrer la única zona de todo el país afectada por la desertificación.

En el parque nacional aún se desarrollan importantes comunidades de mangle *(Rhyzophora* sp.), así como los típicos árboles de macano *(Caesalpinia coriaria)*. También se observan árboles de alcornoque *(Mora oleifera)*, pino amarillo *(Pithecellobium mangense)* y *Pithecellobium pseudo-tamarindus*. La piñuela *(Bromelia pinguin)* puede verse con frecuencia, al igual que la chirimoya *(Annona spraguei)* y la *Opuntia elatior*. Aunque la fauna es escasa, es frecuente ver bandadas de pelícanos *(Pelecanus occidentalis)* en las zonas costeras del parque.

En Sarigua se han descubierto restos arqueológicos de un importante asentamiento humano precolombino de pescadores de unos 11.000 años de antigüedad, considerado como el sitio habitado más antiguo del Istmo de Panamá.

La creación del área protegida recibió el impulso de la organización ambientalista local CECA, Círculo de Estudios Científicos Aplicados, que desde entonces apoya a la Autoridad Nacional del Ambiente, ANAM, en la administración del parque.

Al parque se accede por vehículo desde la ciudad de Panamá. La Dirección de Áreas Protegidas y Vida Silvestre del ANAM proporciona información sobre Sarigua (tel. (507) 232-7228), igual que en el propio parque (tel. (507) 966-8216).

winds, which are a feature of the area, raise huge clouds of dust and sand that have a great impact on the land and inhabitants of the surrounding area. These clouds or dust storms have even been recorded on the top of Cerro Canajagua, 45 kilometres south of Sarigua and 830 metres above sea level. Sarigua National Park has become an important tourist attraction in the Azuero Region, where visitors from all over Panama go to see the only area in the whole country that is affected by desertification.

In the park, there are still important communities of mangrove *(Rhyzophora* sp.), and the typical trees of macano *(Caesalpinia coriaria).* There are also 'alcornoque' *(Mora oleifera),* yellow pine *(Pithecellobium mangense)* and *Pithecellobium pseudo-tamarindus.* The 'piñuela' *(Bromelia pinguin)* is common, as is the 'chirimoya' *(Annona spraguei)* and *Opuntia elatior.* Although wildlife is scarce, it is common to see flocks of pelicans *(Pelecanus occidentalis)* along the park's coast.

Archaeological remains of an important 11,000-year-old pre-Columbian fishing settlement have been discovered in Sarigua, and it is considered to be the oldest inhabited site on the Isthmus of Panama.

A driving force behind the creation of the park was the local environmental organisation CECA, Círculo de Estudios Científicos Aplicados (Circle for Applied Scientific Studies), which has been supporting the Autoridad Nacional del Ambiente, ANAM, in the running of the park.

Sarigua National Park can be reached by vehicle from Panama City. The Wildlife and Protected Areas Board (ANAM) (tel. (507) 232-7228) and the headquarters in the park (tel. (507) 966-8216) provide information.

JUNTO A LOS TERRENOS ROJOS DE aspecto lunar pueden observarse espléndidos manglares y bosques secos.

ALONGSIDE THE RED LUNAR-LIKE soils, there are magnificent mangrove swamps and dry forests.

Parque Nacional General de División Omar Torrijos Herrera

Creado para conmemorar la vida y obra del líder militar panameño, el Parque Nacional General de División Omar Torrijos Herrera comprende 25.275 hectáreas de bosques primarios en la Cordillera Central del país. Ubicado al norte del poblado de El Copé, en la provincia de Coclé, el parque incluye dentro de sus límites al cerro Peña Blanca (con una altitud de 1.314 metros sobre el nivel del mar) y al tristemente célebre cerro Marta (1.046 metros de altura), donde murió el líder al estrellarse el avión en el que viajaba el 31 de julio de 1981. Los límites del parque recorren la cordillera que sirve de divisoria de aguas entre el Caribe y el Pacífico panameños, incluyendo el punto de unión de las provincias de Coclé, Colón y Veraguas, esta última la provincia natal del General Torrijos. El parque abarca una importante diversidad de ambientes y comunidades naturales, situadas tanto en la vertiente del Pacífico como en la del Caribe, en el corazón de la región central del ist-

Las selvas tropicales (derecha) cubren amplios espacios en este parque nacional. Arriba, gallinazos negros.

Tropical forests (right) cover extensive areas of this national park. Above, black vultures.

Division General Omar Torrijos Herrera National Park

Created to commemorate the life and work of the Panamanian military leader, Division General Omar Torrijos Herrera National Park covers 25,275 hectares of primary forest in the country's Central Cordillera. Situated to the north of the town of El Copé in Coclé Province, the park includes within its boundaries Cerro Peña Blanca (1,314 metres above sea level) and the sadly famous Cerro Marta (1,046 metres high), where the leader died when the plane in which he was travelling crashed on July 31, 1981. The park boundaries run along the mountain range, which serves as a watershed between the Panamanian Caribbean and the Pacific, including the point where Coclé, Colón and Veraguas provinces join, the latter being the home province of General Torrijos.

The park includes an important diversity of environments and natural communities, situated on both the Pacific and

Una pequeña población de tapires (izquierda) vive en estas selvas. Arriba, una de las muchas cascadas del área protegida.

There is a small population of tapirs (left) in these forests. Above, one of the many waterfalls in the protected area.

MUCHOS DÍAS DEL AÑO ESTOS BOSQUES se encuentran cubiertos por densas nubes cargadas de agua.

MANY DAYS OF THE YEAR THESE forests are covered in dense clouds laden with moisture.

mo panameño. Las cabeceras de algunos de los más importantes ríos de la región se ubican dentro de esta reserva, incluyendo los ríos San Juan, Belén y Concepción de la vertiente caribeña, y los ríos Grande, Marta y Nombre de Dios en la vertiente pacífica. El clima varía del tropical húmedo, al templado muy húmedo de altura en los puntos más altos de la cordillera, y al tropical muy húmedo en el área del Caribe. La precipitación media anual oscila entre los 2.000 mm en la vertiente pacífica, la más seca del parque, y los 4.000 mm en el sector caribeño. Las temperaturas medias anuales fluctúan entre los 25° C en los sectores más bajos del parque y los 20° C en los puntos más altos, en la divisoria de aguas continentales.

Los bosques primarios protegidos dentro del parque nacional comprenden, en función de la altitud, bosques pluviales montanos bajos en sus puntos más altos, así como bosques pluviales premontanos, bosques muy húmedos premontanos y bosques muy húmedos tropicales en las áreas más bajas del parque, ubicadas en la lluviosa vertiente caribeña de la región central de Panamá. A pesar de la creciente deforestación y la presión humana sobre sus recursos, el Parque Nacional General de División Omar Torrijos Herrera aún conserva numerosas especies de plantas endémicas de Panamá, incluyendo, entre otras, *Manettia hydrophila*, *Anthurium coclense*, *Anthurium wendelianum wendelianum* y *Anthurium amicola*.

La avifauna está muy bien representada, destacando entre ella el evasivo y escaso trogón ventrianaranjado *(Trogon aurantiiventris)*, la cotinga sombrillera *(Cephalopterus glabricollis)*, el colibrí de gorra nivosa *(Microhera alboronata)* y el raro trepatroncos picofuerte *(Xiphocolaptes promeropirhynchus)*. Entre las especies de mamíferos en peligro de extinción que aún se encuentran en el parque están todos los felinos que viven en Panamá, incluyendo el tigre o jaguar *(Panthera onca)*, el puma o león venado *(Felis concolor)*, el manigordo *(Felis pardalis)*, el tigrillo *(Felis wiedii)* y el tigrillo congo *(Felis yagouaroundi)*. Además, existen poblaciones de tapir *(Tapirus bairdii)*, saíno *(Tayassu tajacu)*, puerco de monte *(Tayassu pecari)* y venado cola

Caribbean slopes in the heart of the central region of the Isthmus of Panama. The sources of some of the most important rivers in the region lie within this reserve, including the Rivers San Juan, Belén and Concepción on the Caribbean slope, and the Rivers Grande, Marta and Nombre de Dios on the Pacific side. The climate varies from moist tropical, to very moist upland temperate at the highest points in the cordillera, and to very moist tropical in the Caribbean area. The average annual precipitation ranges between 2,000 mm on the Pacific side, the driest in the park, and 4,000 mm in the Caribbean sector. The average annual temperatures fluctuate between 25° C in the lowest parts of the park and 20° C at the highest points on the continental watershed.

The protected primary forests within the park include, according to altitude, low montane rainforest at the lowest points, as well as premontane rainforests, very moist premontane forests and very moist tropical forests in the lower parts of the park on the wetter Caribbean slope of Panama's central region. Despite the increasing deforestation and human pressure on its resources, Division General Omar Torrijos Herrera National Park still conserves many of Panama's endemic plant species, including *Manettia hydrophila*, *Anthurium coclense*, *Anthurium wendelianum wendelianum* and *Anthurium amicola*.

Birdlife is very well represented, with the rare and evasive orange-bellied trogon *(Trogon aurantiiventris)* being an outstanding example, the bare-necked umbrella bird *(Cephalopterus glabricollis)*, the snowcap *(Microhera alboronata)* and the rare strong-billed woodcreeper *(Xiphocolaptes promeropirhynchus)*. Among the endangered mammal species still living in the park are all of the cat species found in Panama, including the jaguar *(Panthera onca)*, puma *(Felis concolor)* ocelot (*Felis pardalis)*, margay *(Felis wiedii)* and jaguarundi *(Felis yagouaroundi)*. Moreover, there are populations of Baird's tapir *(Tapirus bairdii)*, collared peccary *(Tayassu tajacu)*, white-lipped peccary *(Tayassu pecari)* and white-tailed deer *(Odocoileus virginianus)*,

LOS BOSQUES PLUVIALES MONTANOS Y premontanos conservan un gran número de especies vegetales.

THE MONTANE AND PREMONTANE RAIN forests still contain a large number of plant species.

EL PARQUE, EN EL QUE NACEN LOS PRINCIPALES CURSOS fluviales de la región, está atravesado por numerosos arroyos y riachuelos. Arriba, la orquídea *Encyclia cochleata.*

THE PARK, IN WHICH THE MAIN rivers rise, is criss-crossed by many streams and brooks. Above, the orchid *Encyclia cochleata.*

blanca *(Odocoileus virginianus)*, todos ellos protegidos por ley a nivel nacional. Desde su creación, el Parque Nacional General de División Omar Torrijos Herrera ha sido administrado por la Autoridad Nacional del Ambiente, ANAM, que proporciona información sobre esta reserva en su Dirección Nacional de Áreas Protegidas y Vida Silvestre (tel. (507) 232-7228). El ANAM mantiene estructuras administrativas básicas en la zona sur del parque, accesible por carretera desde Panamá, aunque no se cuenta con instalaciones ni infraestructuras completas para la atención de visitantes. La zona norte y la parte montañosa del parque es sumamente inaccesible por lo quebrado del terreno y la ausencia de vías de comunicación.

all of which are protected by law at national level. Since it was set up, Division General Omar Torrijos Herrera National Park has been run by the Autoridad Nacional del Ambiente, ANAM, which provides information on this reserve through its National Board on Protected Areas and Wildlife (tel. (507) 232-7228). ANAM maintains basic administrative structures in the southern part of the park, which are accessible by road from Panama although they do not have full facilities or infrastructures to attend to visitors. The mountainous northern part of the park is highly inaccessible due to the rough terrain and lack of communication routes.

El tucán pico iris es una de las aves más llamativas que vive en los bosques más bajos de este espacio protegido.

The keel-billed toucan is one of the most striking birds found in the lower-lying forests of this protected area.

A la derecha, la isla Iguana. Arriba, la tierra seca y cuarteada del Cenegón del Mangle.

Right, Iguana Island. Above, the dry, cracked earth of Cenegón del Mangle.

RESERVA FORESTAL LA LAGUNA DE LA YEGUADA

La Reserva Forestal La Laguna de La Yeguada comprende 7.090 hectáreas de bosques autóctonos y artificiales que protegen la cuenca hidrográfica de la laguna del mismo nombre y del río San Juan.

La reserva está dominada por amplias parcelas reforestadas con pinos *(Pinus caribea)* sembrados en el área por el Estado para recuperar los suelos degradados del sitio y estabilizar la cuenca hidrográfica que surte a la hidroeléctrica La Yeguada, una de las más antiguas del país. Ubicada en las faldas de la Cordillera Central en la región céntrica del Istmo, en la vertiente pacífica de la provincia de Veraguas, la reserva ofrece al visitante atractivas vistas panorámicas de esta región montañosa.

MONUMENTO NATURAL DE LOS POZOS DE CALOBRE

El Monumento Natural de Los Pozos de Calobre comprende un tramo del cauce y las riberas del río Las Guías, en la provincia de Veraguas, donde se encuentran singulares pozos de aguas termales, ambientes ribereños que aún conservan muestras de la flora y fauna del área y cañones naturales de piedra volcánica representativos de esta región.

LA LAGUNA DE LA YEGUADA FOREST RESERVE

Laguna de La Yeguada Forest Reserve covers 7,090 hectares of native and artificial forest that protect the hydrographic basin of the lagoon of the same name and the San Juan River.

Broad stretches of the reserve have been reforested with pines *(Pinus caribea)* planted by the State to recover the area's degraded soils and to stabilise the hydrographic basin that supplies La Yeguada hydroelectric plant, one of the oldest in the country. Situated on the lower slopes of the Cordillera Central in the central part of the Isthmus on the Pacific-facing slope of Veraguas Province, the reserve offers visitors attractive panoramic views of this mountainous region.

LOS POZOS DE CALOBRE NATURAL MONUMENT

Los Pozos de Calobre Natural Monument includes a section of the main course and banks of the Las Guías River in Veraguas Province, where there are extraordinary wells of thermal water, riverine habitats that still conserve examples of the plant and animal life of the area and natural canyons of volcanic rock typical of this region.

ARRIBA, GARZAS Y LIMÍCOLOS EN LOS MANGLARES de Peñón de la Honda. A la izquierda, el Cenegón del Mangle.

ABOVE, HERONS AND WADERS IN THE mangrove swamps of Peñón de la Honda. Left, Cenegón del Mangle.

ARRIBA Y A LA DERECHA, UN DETALLE DEL humedal y una vista general del Refugio de Vida Silvestre Cenegón del Mangle.

ABOVE AND RIGHT, PART OF THE wetland and a general view of Cenegón del Mangle Wildlife Refuge.

La reserva protege una superficie de 3.5 hectáreas que incluyen las fuentes termales El Ángel, La Gloria, El Infiernillo, Tumba Hombre y Tumba Mujer, así como el espectacular Cañón del Tigre.

ÁREA NATURAL RECREATIVA SALTO DE LAS PALMAS

El Área Natural Recreativa Salto de Las Palmas está formada por una cascada y un balneario natural de una gran belleza escénica en un afluente del río Lirí, en la provincia de Veraguas. El área consta de aproximadamente una hectárea de extensión e incluye los bosques naturales que rodean al salto de agua y al balneario.

RESERVA FORESTAL EL MONTUOSO

La Reserva Forestal El Montuoso protege 10.375 hectáreas de bosques fuertemente intervenidos en la región montañosa occidental de la provincia de Herrera, ubicada en la península de Azuero, en la región central del país. La reserva fue creada para contribuir a conservar y estabilizar la cabecera y la cuenca hidrográfica del río La Villa, una de las principales fuentes de agua para las actividades agrícolas y para las poblaciones de las región.

RESERVA FORESTAL LA TRONOSA

La Reserva Forestal La Tronosa, cercana al Parque Nacional Cerro Hoya, comprende 20.579 hectáreas de bosques y áreas silvestres fuertemente intervenidos en el cerro La Tronosa, ubicado en la región occidental de la provincia de Los Santos, en la zona meridional de la península de Azuero. La reserva protege la cabecera y la cuenca hidrográfica del río Tonosí, de gran im-

The reserve protects a surface area of 3.5 hectares that includes thermal springs called El Ángel, La Gloria, El Infiernillo, Tumba Hombre and Tumba Mujer as well as the spectacular Cañón del Tigre.

SALTO DE LAS PALMAS NATURAL RECREATIONAL AREA

Salto de Las Palmas Natural Recreational Area consists of a waterfall and a natural spa with very beautiful scenery on a tributary of the River Lirí in Veraguas Province. The area covers approximately one hectare and includes the natural forests surrounding the waterfall and the spa.

EL MONTUOSO FOREST RESERVE

El Montuoso Forest Reserve protects 10,375 hectares of very disturbed forest in the mountainous western region of Herrera, located on the Azuero Peninsula in the central part of the country. The reserve was created to help conserve and stabilise the headwaters and hydrographic basin of the La Villa River, one of the main sources of water for agricultural activities and towns in the region.

LA TRONOSA FOREST RESERVE

La Tronosa Forest Reserve, near Cerro Hoya National Park, covers 20,579 hectares of forest and very disturbed wild areas on Cerro La Tronosa in the western part of Los Santos Province in the south of the Azuero Peninsula. The reserve protects the headwaters and hydrographic basin of the River Tonosí, of great economic importance to the area's farmers and inhabitants. What is more, it conserves representative examples of the native flora and fauna of southern of Azuero.

La garza tricolor es una especie que puede ser observada en el Refugio de Vida Silvestre Pablo Arturo Barrios.

The tricolored heron is one species that can be seen in Pablo Arturo Barrios Wildlife Refuge.

*C*on una extensión de 53 hectáreas, la isla Iguana se caracteriza por la belleza de sus playas blancas.

*C*overing 53 hectares, Isla Iguana boasts beautiful white beaches.

portancia económica para los agricultores y habitantes de la zona, conservando, además, muestras representativas de la flora y fauna nativas del sur de Azuero.

REFUGIO DE VIDA SILVESTRE CENEGÓN DEL MANGLE

El Refugio de Vida Silvestre Cenegón del Mangle, que incluye la laguna costera del mismo nombre, abarca 1.000 hectáreas de manglares, humedales y ambientes marinos costeros en la bahía de Parita, en la provincia de Herrera. El refugio es un lugar importante para la alimentación y el descanso de numerosas aves costeras migradoras.

REFUGIO DE VIDA SILVESTRE PEÑÓN DEL CEDRO DE LOS POZOS

El Refugio de Vida Silvestre Peñón del Cedro de Los Pozos protege 30 hectáreas de ecosistemas naturales en la zona del mismo nombre de la provincia de Herrera, en la península de Azuero.

REFUGIO DE VIDA SILVESTRE PEÑÓN DE LA HONDA

El Refugio de Vida Silvestre Peñón de la Honda, creado gracias a las presiones de los grupos ambientalistas de Azuero, protege 3.900 hectáreas de manglares, playas, dunas y aguas territoriales en el sector costero circundante a la isla conocida como Peñón de la Honda, en el litoral pacífico de la provincia de Los Santos. El Peñón de la Honda, principal elemento del refugio, es uno de los sitios más importantes de nidificación para las aves costeras y marinas en la región de Azuero, y en ella se concentran bandadas impresionantes de miles y miles de individuos de, entre otras, la garceta grande *(Casmerodius albus)*, la garceta nívea *(Egretta thula)* y la garceta bueyera *(Bubulcus ibis)*.

REFUGIO DE VIDA SILVESTRE PABLO ARTURO BARRIOS

El Refugio de Vida Silvestre Pablo Arturo Barrios comprende la imponente zona marino costera del extremo oriental de la península de Azuero, que incluye los manglares, playas, dunas, costas y aguas comprendidas entre Punta Mala y la desembocadura del río Purio, en la provincia de Los Santos.

El refugio, establecido gracias al apoyo de los grupos ambientalistas de Azuero, y cuyo nombre quiere honrar a quien fuera en vida uno de los más activos defensores de la naturaleza en Azuero, se distingue como un lugar importante de nidificación para las tortugas marinas.

REFUGIO DE VIDA SILVESTRE ISLA IGUANA

El Refugio de Vida Silvestre Isla Iguana protege a la isla del mismo nombre, con sus playas, costas y arrecifes de coral. Ubicada frente al Refugio de Vida Silvestre Pablo Arturo Barrios, en el litoral pacífico de la provincia de Los Santos, la isla Iguana fue también creada por el impulso de la comunidad ambientalista de Azuero. Con una superficie de 53 hectáreas, posee atractivas playas de arena blanca, muestras de la flora y fauna insular endémicas y los más importantes arrecifes coralinos de la península de Azuero. El refugio es utilizado habitualmente como lugar de nidificación por las tortugas marinas.

CENEGÓN DEL MANGLE WILDLIFE REFUGE

Cenegón del Mangle Wildlife Refuge, which includes the coastal lagoon of the same name, covers 1,000 hectares of mangrove areas, wetlands and coastal marine environments in Parita Bay in Herrera Province. The refuge is an important feeding and roosting site for many migrating coastal birds.

PEÑÓN DEL CEDRO DE LOS POZOS WILDLIFE REFUGE

Peñón del Cedro de Los Pozos Wildlife Refuge protects 30 hectares of natural ecosystems in the area of the same name in Herrera Province on the Azuero Peninsula.

PEÑÓN DE LA HONDA WILDLIFE REFUGE

Peñón de la Honda Wildlife Refuge, which was created thanks to pressure from environmental groups from Azuero, protects 3,900 hectares of mangrove areas, beaches, dunes and thermal waters in the coastal sector around the island known as Peñón de la Honda on the Pacific coast of Los Santos Province. Peñón (Rock) de la Honda, the main feature of the refuge, is one of the most important nesting sites for shore birds and sea birds in the Azuero Region. Impressive flocks of thousands and thousands of birds of various species, such as great egret *(Casmerodius albus)*, snowy egret *(Egretta thula)* and cattle egret *(Bubulcus ibis)* form there.

PABLO ARTURO BARRIOS WILDLIFE REFUGE

Pablo Arturo Barrios Wildlife Refuge includes the impressive marine coastal area at the eastern end of the Azuero Peninsula, which includes the mangrove areas, beaches, dunes, coasts and waters between Punta Mala and the mouth of the River Purio in Los Santos Province.

The refuge was set up thanks to the support of environmentalist groups from Azuero, and the name was chosen to honour someone who, in his lifetime, was one of the most active defenders of Azuero's nature and wildlife. It is an important nesting site for sea turtles.

ISLA IGUANA WILDLIFE REFUGE

Isla Iguana (Iguana Island) Wildlife Refuge protects the island of the same name, with its beaches, coasts and coral reefs. Located opposite Pablo Arturo Barrios Wildlife Refuge on the Pacific coast of Los Santos Province, Isla Iguana also came into being as the result of the the efforts of the environmentalists of Azuero. Its 53 hectares include attractive white-sand beaches, examples of the endemic island flora and fauna and the most important coral reefs on the Azuero Peninsula. The refuge is commonly used as a nesting site by sea turtles.

UNA COLONIA NIDIFICANTE DE FRAGATA MAGNÍFICA en el Refugio de Vida Silvestre Isla Iguana.

A NESTING COLONY OF MAGNIFICENT frigate birds in Isla Iguana Wildlife Refuge.

El Pacífico

Las aguas del océano Pacífico bañan el cincuenta por ciento del litoral panameño. En sus costas y en sus islas se han creado diferentes espacios protegidos encargados de salvaguardar sus ecosistemas marinos y costeros. A la derecha, un macho de fragata magnífica en celo. Junto a estas líneas, una estrella de mar en el fondo oceánico.

The waters of the Pacific Ocean bathe fifty per cent of the Panamanian coastline. On the coasts and islands, different protected areas have been set up, charged with the task of safeguarding its marine and coastal ecosystems. Right, a breeding male frigate bird. Left, a sea star on the ocean floor.

ARRIBA, UNA DE LAS HERMOSAS PLAYAS DE LA ISLA Coiba. A la derecha, el extenso dosel forestal de los bosques primarios de esta isla.

ABOVE, ONE OF THE BEAUTIFUL BEACHES of Coiba Island. Right, the extensive forest canopy of the island's primary forests.

PARQUE NACIONAL COIBA

EL PARQUE NACIONAL COIBA protege 270.125 hectáreas de islas, bosques, playas, manglares, arrecifes y espectaculares entornos insulares y marinos en el sector del Pacífico panameño. La mayor de estas islas de origen volcánico, Coiba, tiene 50.314 hectáreas y es la isla más grande del país. Junto a las preciosas islas de Jicarón (2.002 ha) y Jicarita (125 ha) en su sector sur; las islas de Canal de Afuera (240 ha) y Afuerita (27 ha), las más cercanas a tierra firme en el sector noreste del parque; las islas Pájaros (45 ha), Uva (257 ha) y Brincanco (330 ha) en su sector norte; las islas de Coibita (242 ha) y otras muchas como la espectacular isla de Granito de Oro, con su playa y arrecifes de coral, integran las 53.528 ha de territorios insulares. En su conjunto, las islas del parque tienen más de 240 kilómetros de costas que en su mayoría se conservan en su estado natural. Las 216.543 hectáreas de zonas marinas adicionales de esta área protegida convierten al Parque Nacional Coiba en uno de los parques marinos más extensos del mundo.

Irónicamente, la conservación de la singular herencia natural de estas islas continentales se ha debido en gran parte a la intervención humana, ya que la isla de Coiba ha sido utilizada desde 1919 como una colonia penal por el Gobierno de Panamá. Es así como la presencia de la colonia penal, que aún se mantiene en Coiba, ha frenado la colonización y destrucción de los bosques de estas islas y ha permitido la existencia de uno de los ecosistemas insulares y marinos más importantes del país.

La mayor altura del parque se encuentra en el cerro de la Torre, en la isla de Coiba, que alcanza 416 metros de altura sobre el nivel del mar. Se destaca igualmente el cerro San Juan, en la parte central de dicha isla, que alcanza una altura similar (406 m) y que forma parte de la pequeña cadena de colinas que domina el sector central, donde se ubican sus puntos más altos.

Coiba National Park

Coiba National Park protects 270,125 hectares of islands, forests, beaches, mangroves, coral reefs and spectacular island and marine environments in the Panamanian Pacific. The biggest of these islands, Coiba, is also the largest in the country. It is of volcanic origin and covers 50,314 hectares. The 53,528 ha of island territory consist of the lovely islands of Jicarón (2.002 ha) and Jicarita (125 ha) in the southern part, the islands of Canal de Afuera (240 ha) and Afuerita (27 ha), which are the nearest to the mainland in the north-eastern part of the park, the Pájaros Islands (45 ha), Uva (257 ha) and Brincanco (330 ha) in the northern sector, the Coibita Islands (242 ha) and many others, such as the spectacular island of Granito de Oro, with its beach and coral reefs. As a whole, the park islands have over 240 kilometres of coastline, which are preserved in the main in their natural state. The 216,543 hectares of additional marine zones in this area make Coiba National Park one of the most extensive marine parks in the world.

Ironically, the conservation of the extraordinary natural heritage of these continental islands has to a great extent been due to human intervention as Coiba Island has been used as a penal colony by the Government of Panama since 1919. The presence of the penal colony, which is still in existence, prevented the colonisation and destruction of the forests of these islands and has allowed one of the most important island and marine ecosystems in the country to continue undisturbed.

The park's highest point, Cerro de la Torre on Coiba Island, is 416 metres above sea level. Cerro San Juan is also worthy of a mention. At 406 m high, it is located in the centre of Coiba Island and forms part of the small chain of hills that dominate the central sector where the highest land is

La tángara pechirroja, una especie fácil de observar, es una de las aves terrestres que viven en la isla de Coiba.

The red thrush-tanager, a bird that is easy to spot, is one of the land birds on Coiba Island.

EL CONJUNTO DE LAS ISLAS DEL PARQUE TIENEN más de 240 kilómetros de costas que en su gran mayoría se conservan en estado natural.

ALL THE PARK'S ISLANDS TOGETHER COVER OVER 240 kilometres of coast, and most of this land is conserved in its natural state.

Las llanuras costeras con elevaciones menores a los 100 metros predominan en el norte y en el sureste de la isla, junto a colinas de poca elevación (sólo alcanzan los 200 m de altura), que forman la mayor extensión de la superficie de Coiba.

La temperatura media anual es de unos 26° C y la precipitación anual media se estima en unos 3.500 mm. El parque posee numerosos ríos de extensión y caudal considerables. El río Negro es el más grande y extenso de la isla de Coiba con más de 20 kilómetros de largo y ocho afluentes. El río San Juan es el segundo más importante con unos 18.5 kilómetros de largo, seguido por el río Santa Clara con 17 km.

Estudios científicos recientes estiman que los bosques primarios predominan en Coiba, aunque también ocupan una importante extensión los bosques intervenidos, producto de los campamentos de la colonia penal y de actividades limitadas de extracción y aprovechamiento que se han realizado en el pasado. Se calcula que el parque contiene unas 1.450 especies de plantas vasculares, incluyendo grandes árboles de ceiba *(Ceiba pentandra)*, Panamá *(Sterculia apetala)*, espavé *(Anacardium excelsum)*, tangaré *(Carapa guianensis)* y cedro espino *(Bombacopsis quinatum)*, que se alzan sobre el dosel forestal.

En los bosques intervenidos y en recuperación son comunes el jobo *(Spondias mombin)*, que alcanza una altura de 30 metros, el marañón *(Anacardium occidentale)*, frecuente en las zonas cercanas a los campamentos penales, el peine de mico *(Apeiba tibourbou)* y el algarrobo *(Hymenaea courbaril)*. El bejuco ojo de venado *(Mucuna sloanei)* y el llamativo huevo de gato *(Thevetia ahouai)*, con sus frutos rojos brillantes presentes todo el año, se encuentran con facilidad.

Con importantes ríos de agua dulce y quebradas que corren por sus valles hasta el mar, imponentes bosques húmedos tropicales y bosques muy húmedos premontanos, más de 147 especies de aves, 36 de mamíferos y 39 especies de anfibios y rep-

situated. Coastal plains under 100 metres predominate in the north and south-east of the island together with low hills (up to 200 m high), which make up most of the surface area of Coiba.

The average annual temperature is about 26° C and average annual precipitation is estimated to be 3,500 mm. The park has many rivers of considerable size and volume. The River Negro is the biggest and widest on Coiba Island, being over 20 kilometres long and having 8 tributaries. The River San Juan is the second most important at 18.5 kilometres long, followed by the River Santa Clara at 17 km.

Recent scientific studies estimate that primary forests predominate in Coiba, although disturbed forest resulting from the presence of the penal colony camps and limited exploitation operations in the past also accounts for a large amount of land. It has been calculated that the park contains some 1,450 species of vascular plants, including large specimens of cotton tree *(Ceiba pentandra)*, Panama wood *(Sterculia apetala)*, espave *(Anacardium excelsum)*, crabwood *(Carapa guianensis)* and spiny cedar *(Bombacopsis quinatum)*, that rise up above the forest canopy.

In the disturbed and recovering forests the following are common: wild plum *(Spondias mombin)*, which may reach 30 metres, 'marañón' *(Anacardium occidentale)*, common in areas near the penal settlements, monkey's comb *(Apeiba tibourbou)* and the 'algarrobo' *(Hymenaea courbaril)*. The bejuco 'ojo de venado' *(Mucuna sloanei)* and the striking 'huevo de gato' *(Thevetia ahouai)*, with its bright red fruits all year round are easy to find.

With important freshwater rivers and streams running through the valleys to the sea, impressive moist tropical forests and very moist premontane forests, over 147 species of birds, 36 mammals and 39 species of amphibians and reptiles, Coiba Island is, without doubt, one of the greatest remaining natural

MÁS DE 250.000 HECTÁREAS DE ZONAS marinas que rodean el archipiélago están protegidas. Arriba, una espectacular gorgonia.

OVER 250,000 HECTARES OF MARINE AREAS surrounding the archipelago are protected. Above, a spectacular sea fan.

*E*N LA BAHÍA DE DAMAS SE ENCUENTRA el segundo arrecife de coral más grande del Pacífico centro-oriental. Arriba, un pez del género *Blenius*.

*I*N DAMAS BAY THERE IS THE SECOND biggest coral reef in the central-eastern Pacific. Above, a fish of the genus *Blenius*.

tiles, la isla de Coiba constituye, sin duda, uno de los mayores tesoros naturales que aún conserva el país. El Parque Nacional Coiba es el único sitio en Panamá donde todavía se pueden observar bandadas enteras de guacamayas rojas *(Ara macao)* que cubren el sol al volar en el área de Barco Quebrado. Estas preciosas aves prácticamente han desaparecido del resto del territorio nacional.

Aunque Coiba, debido al factor de insularidad, no presenta una gran diversidad de especies animales, ofrece, por el contrario, un elevado grado de endemismo específico y subespecífico. Entre las aves está el colaespina de Coiba *(Cranioleuca dissita)* y entre los mamíferos el ñeque *(Dasyprocta coibensi)*. La fauna de este conjunto insular, cuya diversidad biológica se empieza apenas a catalogar detalladamente, tiene un gran valor para los científicos que estudian los procesos evolutivos y la propagación natural de especies.

En el parque nacional pueden observarse aves como el águila crestada *(Morphnus guianensis)*, el gavilán bicolor *(Accipiter bicolor)* y el colibrí gorgizafiro *(Lepidopyga coeruleogularis)*. Son abundantes el saltarín coludo *(Chiroxiphia lanceolata)* y el majestuoso gallinazo rey *(Sarcoramphus papa)*, que se observan fácilmente volando por encima de los frondosos bosques de la reserva.

En las costas, numerosos arrecifes coralinos dotan a esta área protegida de una alta diversidad biológica marina. En la bahía de Damas se encuentra un arrecife de coral con más de 135 hectáreas de extensión, el segundo más grande del Pacífico centro-oriental y el más grande de toda la región de Centroamérica. Hasta la fecha se han identificado más de 69 especies de peces marinos para el área del parque, 12 de equinodermos, 45 de moluscos y 13 de crustáceos. Entre los invertebrados marinos se localizan algunas formaciones del coral cerebro *(Porites lobata)* y del hidrozoo conocido como coral de fuego *(Millepora intricata)*. En estos arrecifes se ha detectado la presencia de la estrella de mar conocida como corona de espinas *(Acanthaster planci)*, un depredador que se alimenta exclusivamente del coral. Entre los peces del arrecife hay que destacar la presencia de la morena zebra *(Gymnomuraena zebra)*, el ángel rey *(Holocanthus passer)*, el tiburón punta blanca *(Trienodon obesus)*, el loro bicolor *(Scarus subroviolaceus)*, etc.

Los mares de Coiba, conocidos tradicionalmente por su abundante pesca, albergan especies como el tiburón ballena *(Rhincodon typus)*, el tiburón tigre *(Galeocerdo cuvier)*, el dorado *(Coriphaena hippurus)*, la manta raya *(Manta birostris)* y la tuna de aleta amarilla *(Thunnus albacahes)*. Son también el hábitat de cuatro especies de cetáceos que se pueden observar con relativa facilidad. Se trata de la enorme ballena jorobada o yubarta *(Megaptera novaeangliae)*, el delfín moteado tropical *(Stenella attenuata)*, el delfín mular *(Tursiops truncatus)*, así como las inconfundibles y elusivas orcas *(Orcinus orca)*. En las aguas del parque y sus zonas adyacentes se ha observado la presencia ocasional de las 19 especies adicionales de cetáceos que se encuentran en el Pacífico panameño.

El establecimiento del parque fue solicitado originalmente al Gobierno de Panamá por la Asociación Nacional para la Conservación de la Naturaleza, ANCON, que además brindó apoyo técnico y científico al ANAM para su evaluación ecológica preliminar y su establecimiento formal.

El ANAM mantiene una estación biológica básica y confortable en la parte noreste de la isla de Coiba, que está a la dis-

treasures in Panama. Coiba National Park is the only place in the country where it is still possible to see whole flocks of scarlet macaws *(Ara macao)* eclipsing the sun as they fly around in the Barco Quebrado area. These lovely birds have virtually disappeared from the rest of the country.

Although Coiba does not have a great diversity of animal species due to its being an island, it does, however, offer a high number of species and subspecies endemisms, including, amongst the birds, the Coiba spinetail *(Cranioleuca dissita)* and, amongst the mammals, the agouti *(Dasyprocta coibensi)*. The biological diversity of the fauna in this island group has hardly begun to be studied in detail. It is of great value to scientists who study the evolutionary processes and natural propagation of species.

In the national park, it is possible to see birds like the crested eagle *(Morphnus guianensis)*, bicolored hawk *(Accipiter bicolor)* and the sapphire-throated hummingbird *(Lepidopyga coeruleogularis)*. There are lots of lance-tailed manakin *(Chiroxiphia lanceolata)* and the magnificent king vulture *(Sarcoramphus papa)*, which is easy to spot flying over the reserve's luxuriant forests.

On the coasts, many coral reefs provide the protected area with high marine biological diversity. In Damas Bay, there is a coral reef which, at over 135 hectares, is the second largest in the central-eastern Pacific and the biggest in all Central America. To date, over 69 species of sea fish, 12 echinoderms, 45 molluscs and 13 crustaceans have been identified in the park. Among the marine invertebrates there are some formations of brain coral *(Porites lobata)* and of the hydrozoa known as 'coral de fuego' *(Millepora intricata)*. On these coral reefs, the sea urchin known as crown of thorns *(Acanthaster planci)*, a predator that feeds exclusively on coral, has been recorded. Among the coral reef fish is the noteworthy moray *(Gymnomuraena zebra)*, king angelfish *(Holocanthus passer)*, white-tipped shark *(Trienodon obesus)*, bicolor parrotfish *(Scarus subroviolaceus)*, etc.

The Coiba seas, traditionally known for their abundant fisheries, contain species like the whale shark *(Rhincodon typus)*, tiger shark *(Galeocerdo cuvier)*, dolphin fish *(Coriphaena hippurus)*, manta *(Manta birostris)* and yellow-fin tuna (*Thunnus albacahes*). They are also the habitat of four species of cetaceans that are relatively easy to see: the humpback whale *(Megaptera novaeangliae)*, Pan-tropical dolphin *(Stenella attenuata)*, bottlenose dolphin *(Tursiops truncatus)*, and the unmistakable and elusive killer whale *(Orcinus orca)*. In the park's waters and adjoining areas, the 19 other species of cetaceans found in the Panamanian Pacific have also been spotted on occasions.

The original request to the Government of Panama to set up the park was made by the National Association for Nature Conservation, ANCON, which also provided technical and scientific

Los manglares (arriba) se intercalan con las playas de blancas arenas en el conjunto insular del Parque Nacional Coiba.

Mangrove swamps (above) are interspersed with white sandy beaches on the islands in Coiba National Park.

El conjunto de islas e islotes que conforman este espacio natural protegido posee una superficie de 53.528 hectáreas.

The group of islands and islets making up this protected natural area covers 53,528 hectares.

posición de científicos y visitantes, previa reserva con su Dirección Nacional de Áreas Protegidas y Vida Silvestre (tel. (507) 232-7228). El viaje a la isla debe ser coordinado con la adecuada anticipación, pues Coiba sigue siendo un área remota y de difícil acceso desde la ciudad de Panamá. Para llegar a la estación biológica el visitante se puede trasladar por carretera hasta Puerto Mutis, provincia de Veraguas (4 horas desde la ciudad de Panamá) y desde allí trasladarse en bote hasta el parque (unas dos horas de navegación).

Las instalaciones del penal de Coiba, y en particular las del campamento principal en la bahía de Damas tienen un interés histórico y serán más fáciles de visitar y recorrer en la medida en que se siga reduciendo (según se ha programado) la cantidad de presos que aún se mantienen en la isla. En el campamento principal del penal hay una pista de aterrizaje que se puede utilizar para llegar al área por avión privado desde la ciudad de Panamá.

La Agencia Española de Cooperación, AECI, mantiene un significativo programa de apoyo al Parque Nacional Coiba desde el año de 1993 gracias al cual se ha habilitado la estación biológica del parque y se han publicado guías preliminares de la flora y fauna del mismo.

support to ANAM for the preliminary ecological evaluation and the formal establishment of the park.

ANAM keeps a basic and comfortable biological station in the north-east of Coiba Island, which is available to scientists and visitors provided they make a prior reservation with the National Board for Protected Areas and Wildlife (tel. (507) 232-7228). The trip to the island must be arranged with sufficient notice, as Coiba is still remote and difficult to reach from Panama City. To get to the biological station, visitors can go by road as far as Puerto Mutis in Veraguas Province (4 hours from Panama City) and from there by boat to the park (about two hours). The facilities in Coiba prison colony, and especially those at the main camp in Damas Bay, are of historic interest and will be easier to visit and tour as the number of prisoners that still live on the island decreases (as is planned) At the main camp of the penal colony there is a landing strip that can be used to get to the area by private plane from Panama City.

The Spanish Co-operation Agency, AECI, has kept up a significant support programme for Coiba since 1993 thanks to which the park's biological station has been renovated, and preliminary guide books on the plant and animal life have been published.

EN LAS AGUAS LITORALES DE COIBA ES FRECUENTE LA presencia de cetáceos, entre ellos la enorme ballena jorobada o yubarta.

IN THE COASTAL WATERS OF COIBA, cetaceans are common, including the enormous humpback whale.

EN LAS ZONAS INSULARES DE PLAYAS ES FRECUENTE la presencia de ejemplares de la palma de coco (derecha). Arriba, el pez *Cirrhitichthis oxycephalus.*

IN THE ISLAND AREAS IT IS COMMON TO SEE COCONUT palms (right). Above, the fish *Cirrhitichthis oxycephalus.*

PARQUE NACIONAL MARINO GOLFO DE CHIRIQUÍ

EL PARQUE NACIONAL MARINO Golfo de Chiriquí comprende 14.740 hectáreas de islas y aguas marinas en el Pacífico occidental panameño, en el golfo del mismo nombre, ubicado al sur de los extensos manglares de la bahía de Muertos en la que desembocan a su vez los caudalosos ríos David, Chiriquí, Chorcha, Platanal y Chico.

Este parque, que protege ambientes insulares y marinos de gran belleza e importancia biológica, incluye las islas Parida (la mayor del área), Santa Catalina, Paridita, Pulgoso, Gámez, Tintorera, Obispo, Obispone, Los Pargos, Ahogado, Icacos, Corral de Piedra, Bolaños, Berraco, Bolañitos, San José, Linarte, Saíno, Sainitos, Iglesia Mayor, Carey Macho y Carey Hembra.

Los pequeños cerros y colinas de roca sedimentaria de algunas de estas islas alcanzan los 100 metros de altura sobre el nivel del mar. Su topografía se caracteriza por sus bajas elevaciones y sus planicies litorales. El clima tropical de sabana con una temperatura media anual superior a los 27° C y una precipitación media anual entre los 2.000 y los 2.500 mm es el que predomina en el parque.

Conocido como el archipiélago de las Islas Paridas, los bosques húmedos tropicales que aún se conservan en las distintas islas del área protegida alcanzan un dosel de 30 metros de alto, con ejemplares de maría *(Calophyllum longifolium)*, roble *(Tabebuia rosea)*, cedro espino *(Bombacopsis quinatum)*, cedro amargo *(Cedrela odorata)*, espavé *(Anacardium excelsum)* y corotú *(Enterolobium cyclocarpum)*. En las zonas arenosas de playa son comunes las palmas de coco *(Cocos nucifera)* y el manzanillo de playa *(Hippomane mancinella)*, mientras que las rocas y acantilados costeros están rodeados frecuentemente por árboles de caracucha *(Plumeria* sp.) y otros árboles bajos de tipo sub-xerofítico como el nance *(Byrsonima crassifolia)*.

En muchas de las islas del parque abundan enormes ejem-

Golfo de Chiriquí National Marine Park

Golfo de Chiriquí National Marine Park covers 14,740 hectares of islands and marine waters in Panama's western Pacific, in the gulf of the same name, situated south of the extensive mangrove swamps in Muertos Bay where the swift David, Chiriquí, Chorcha, Platanal and Chico rivers flow into the ocean. This park protects very beautiful and biologically important island and marine environments and includes the islands of Parida (the largest in the area), Santa Catalina, Paridita, Pulgoso, Gámez, Tintorera, Obispo, Obispone, Los Pargos, Ahogado, Icacos, Corral de Piedra, Bolaños, Berraco, Bolañitos, San José, Linarte, Saíno, Sainitos, Iglesia Mayor, Carey Macho and Carey Hembra.

The small hills and hillocks of sedimentary rock on some of these islands are up to 100 metres above sea level. The typical features of their topography are low-lying land and coastal plains. The savannah-type tropical climate with an average annual temperature over 27° C and average annual precipitation between 2,000 and 2,500 mm predominates in the park.

Known as the Islas Paridas Archipelago, the moist tropical forests that are still conserved on the different islands of the protected area form a canopy as much as 30 metres high with examples of Santa Maria *(Calophyllum longifolium)*, oak *(Tabebuia rosea)*, spiny cedar *(Bombacopsis quinatum)*, spanish cedar *(Cedrela odorata)*, espave *(Anacardium excelsum)* and ear tree *(Enterolobium cyclocarpum)*. In the sandy parts of the beach, coconut palms *(Cocos nucifera)* are common and manchineel *(Hippomane mancinella)*, while the rocks and coastal cliffs are frequently surrounded by 'caracucha' *(Plumeria* sp.) and other low sub-xerophytic type trees, such as the shoemaker's tree *(Byrsonima cras-sifolia)*.

La presencia de densos manglares, cuya existencia es esencial para el desarrollo de la pesca, es algo habitual en estas islas pacíficas.

Dense stands of mangrove, which are essential for fishing, are common on these Pacific islands.

EN MUCHAS ISLAS SE LOCALIZAN ENORMES ejemplares de iguana (arriba) y en sus playas acuden regularmente a nidificar las tortugas baulas (izquierda). A la derecha, un bello atardecer sobre este parque nacional marino.

ON MANY ISLANDS THERE ARE HUGE IGUANAS (ABOVE) AND LEATHERBACKS regularly come to lay their eggs on the beaches there (left). Right, a lovely sunset over this national marine park.

La riqueza de las aguas del Pacífico es muy notable. Arriba, una estrella de mar del género *Echinaster* y a la derecha, un enorme serránido conocido como "jewfish".

The waters of the Pacific are very rich. Above, a sea star of the genus *Echinaster* and right, a huge serranidae known as jewfish.

plares de la iguana verde *(Iguana iguana)*, en particular en isla Bolaños, así como numerosos ejemplares de la ranita verde y negra *(Dendrobates auratus)*. Se han censado también bandadas de monos aulladores *(Alouatta palliata)* en la isla Parida, así como mapaches *(Procyon lotor)* y conejos pintados *(Agouti paca)*. Es común observar torcazas *(Columba cayennensis)* en pleno vuelo entre las islas, así como ejemplares de loros frentirrojos *(Amazona autumnalis)* y pericos carisucios *(Aratinga pertinax)* y barbinaranjas *(Brotogeris jugularis)*. En los manglares y lagunas costeras del parque, ubicados especialmente en las islas Parida y Paridita, es fácil observar ejemplares de la garza tigre *(Tigrisoma mexicanum)* y la abundante reinita manglera *(Dendroica petechia erithachorides)*. Informes recientes indican la presencia de un reducido número de individuos de la mun-

On many of the park's islands there are lots of green iguana *(Iguana iguana)*, especially on Bolaños Island, together with many green-black frog *(Dendrobates auratus)*. Troops of mantled howler monkeys *(Alouatta palliata)* have also been recorded on Parida Island, as well as raccoons *(Procyon lotor)* and paca *(Agouti paca)*. Pale-vented pigeon *(Columba cayennensis)* are commonly seen flying between the islands. There are also red-lored amazon *(Amazona autumnalis)*, brown-throated parakeet *(Aratinga pertinax)* and orange-chinned parakeet *(Brotogeris jugularis)*. In the mangrove swamps and coastal lagoons of the park, especially on the islands of Parida and Paridita, it is easy to see bare-throated tiger-heron *(Tigrisoma mexicanum)* and the abundant yellow warbler *(Dendroica petechia erithachorides)*. Recent reports

EL PEZ GOBIO ENCUENTRA SU MEJOR defensa contra sus predadores entre los tentáculos de esta actinia.

FOR THE SEA ANEMONE KNOWN AS GOBY FISH, its tentacles are its best defence aganst predators.

ARRIBA, LOS TRANSPARENTES PERO infatigables tentáculos de una colonia de alcionarios y el bellísimo pez ángel rey.

ABOVE, THE TRANSPARENT BUT TIRELESS TENTACLES of a colony of alcyonaria and the extremely beautiful kingfish.

dialmente amenazada guacamaya roja *(Ara macao)*, otrora abundante en toda la región occidental del Istmo y hoy limitada al Parque Nacional Coiba y, en forma muy reducida, al Parque Nacional Cerro Hoya.

Las playas del parque son utilizadas como lugar de nidificación y desove de tortugas marinas, en particular la baula *(Dermochelys coriacea)* y la carey *(Eretmochelys imbricata)*. En torno a las islas se desarrollan ecosistemas marinos que incluyen arrecifes de coral, praderas marinas y ambientes neríticos de gran belleza e importancia biológica.

Las poblaciones humanas se han establecido fundamentalmente en las islas Parida y Paridita, por ser éstas las únicas en todo el archipiélago que contienen fuentes de agua abundante. Los dos puertos más cercanos son el de Pedregal, al sur de la ciudad de David, y el de Boca Chica, en el extremo oriental de la bahía de Muertos. El parque es de difícil acceso y carece de facilidades para los visitantes. Sin embargo, la Autoridad Nacional del Ambiente, ANAM, proporciona la información disponible al público en su Dirección Nacional de Áreas Protegidas y Vida Silvestre (tel. (507) 232-7228) y en su Oficina Regional de Chiriquí (tel. (507) 774-6671).

El Parque Nacional Marino Golfo de Chiriquí fue establecido con el apoyo y colaboración de la Asociación Nacional para la Conservación de la Naturaleza, ANCON, a su vez propietaria de las islas Gámez y Bolaños, que se ubican dentro del parque y que permanecen abiertas al público como reservas naturales privadas.

indicate the presence of a small number of the globally endangered scarlet macaw *(Ara macao)*, once numerous throughout the western part of the Isthmus, but today restricted to Coiba National Park, and, in very small numbers, to Cerro Hoya National Park.

The park's beaches are used as a nesting and laying site by marine turtles, especially the leatherback *(Dermochelys coriacea)* and hawksbill *(Eretmochelys imbricata)*. Around the islands there are marine ecosystems that include coral reefs, marine meadows and very beautiful oceanic environments of great biological importance.

In general, the human populations have settled on Parida and Paridita islands as they are the only ones in the whole archipelago that have abundant sources of water. The two nearest ports are Pedregal, south of the city of David, and Boca Chica at the eastern end of Muertos Bay. The park is difficult to get to and lacks visitor facilities. However, the Autoridad Nacional del Ambiente, ANAM, provides information to the public at its National Dept. for Protected Areas and Wildlife (tel. (507) 232-7228) and at its Regional Office in Chiriquí (tel. (507) 774-6671).

Golfo de Chiriquí National Marine Park was established with the support and help of the National Association for Nature Conservation, ANCON, owner of Gámez and Bolaños islands, which lie within the park and are open to the public as private nature reserves.

ARRIBA, EL PEZ ESCORPIÓN QUE SE CAMUFLA PERFECTAMENTE en los fondos arenosos y los poderosos tentáculos de estas anémonas de mar.

ABOVE, THE SCORPION FISH, PERFECTLY CAMOUFLAGED in the sandy shallows, and the powerful tentacles of these sea anemone.

A LA DERECHA, LA EXTENSA PLAYA A LA que acuden a nidificar las tortugas. Arriba, una tortuga baula tapando su nido.

RIGHT, THE LARGE BEACH WHERE turtles nest. Above, a leatherback covering its nest.

REFUGIO DE VIDA SILVESTRE ISLA DE CAÑAS

LA ISLA DE CAÑAS es el sitio más importante para la nidificación de tortugas marinas de Panamá y uno de los más importantes del Pacífico americano, reuniendo cada año a unas 30.000 tortugas que retornan a sus playas para depositar sus huevos.

El Refugio de Vida Silvestre Isla de Cañas protege 25.433 hectáreas de zonas costeras, manglares, playas oceánicas, esteros y áreas marítimas, incluyendo los más de 12 kilómetros de playas de la isla del mismo nombre donde cada año arriban para nidificar cinco de las seis especies de tortugas marinas del mundo: la caguama *(Caretta caretta)*, la verde *(Chelonia mydas agassizi)*, la baula *(Dermochelys coriacea)*, la carey *(Eretmochelys imbricata)* y la lora *(Lepidochelys olivacea)*.

La principal época de arribadas tiene lugar entre mayo y septiembre, lo que permite al naturalista y al científico presenciar un espectáculo único, cuando miles de tortugas salen al mismo tiempo del mar para trepar por las playas de la isla y depositar sus huevos. Esto ha permitido el desarrollo de la principal actividad económica de los pobladores de esta isla y sus áreas circundantes, que recogen y venden huevos de tortuga bajo la supervisión de la Autoridad Nacional del Ambiente, ANAM.

La isla de Cañas es una isla de barrera formada por suelos de aluvión y planicies costeras con elevaciones de menos de 20 metros sobre el nivel del mar, entre el océano Pacífico (al sur) y los esteros y manglares formados en la desembocadura del río Limón (al norte). Está ubicada a un costado de la ensenada de Búcaro, en la costa pacífica sur de la península de Azuero y al norte de la depresión submarina del Cañón de Azuero, que alcanza profundidades superiores a 3.250 metros bajo el nivel del mar, a tan sólo 30 kilómetros de las costas de la isla.

Su clima tropical de sabana incluye una prolongada estación seca entre los meses de diciembre y abril, con una precipitación media anual entre los 1.300 y los 1.500 mm. La tempe-

Isla de Cañas Wildlife Refuge

Isla de Cañas (Cañas Island) is the most important nesting site for sea turtles in Panama and one of the most important in the American Pacific. Every year about 30,000 turtles return to its beaches to lay their eggs. Isla de Cañas Wildlife Refuge protects 25,433 hectares of coast, mangrove swamp, ocean beach, swamp and maritime areas, including over 12 kilometres of beaches on the island of the same name where every year five of the world's six species of marine turtles come to nest: loggerhead *(Caretta caretta)*, Pacific green turtle (C*helonia mydas agassizi)*, leatherback turtle *(Dermochelys coriacea)*, hawksbill turtle (E*retmochelys imbricata)* and the olive ridley *(Lepidochelys olivacea)*.

The main laying time is between May and September. Naturalists and scientists can witness a unique spectacle, when thousands of turtles leave the ocean at the same time to scramble up the beaches of the island and lay their eggs. This has led to the development of the main economic activity of the island's inhabitants and people from the surrounding area. They collect and sell the turtle eggs under the supervision of the Autoridad Nacional del Ambiente, ANAM.

Isla de Cañas is a barrier island made of alluvial soils and coastal plains less than 20 metres above sea level between the Pacific to the South and the swamps and mangrove areas at the mouth of the River Limón to the North. It is located on one side of Búcaro Bay on the southern Pacific coast of the Azuero Peninsula and north of the El Cañón de Azuero underwater depression, which reaches depths of over 3,250 metres, only 30 kilometres from the island's coasts.

Its savannah-type tropical climate includes an extended dry season between December and April, with average annual precipitation between 1,300 and 1,500 mm. The average annual temperature is 27° C, making the refuge one of the warmest places on the Isthmus.

Numerosas tortugas baulas acuden cada año puntualmente a este refugio del Pacífico para depositar sus huevos en tierra.

Every year many leatherbacks arrive punctually at this refuge in the Pacific to lay their eggs on land.

En la isla de Cañas los manglares (arriba)
se intercalan con las playas de blancas arenas, a las que acuden cinco de las seis especies de tortugas marinas del mundo, entre ellas la lora (derecha).

On Cañas Island, the mangrove swamps (above) are interspersed
with white sandy beaches where five of the world's six species of marine turtle, including the olive ridley (right) can be found.

El REFUGIO PROTEGE MÁS DE 25.000 HECTÁREAS DE zonas costeras, manglares, playas oceánicas, esteros y áreas marinas.

The REFUGE PROTECTS OVER 25,000 HECTARES of coast, mangrove swamp, oceanic beaches, inlets and marine areas.

ratura media anual es de 27° C, convirtiendo al refugio en uno de los sitios más cálidos del Istmo.

Los manglares y bosques húmedos tropicales de la isla de Cañas albergan además a una importante población de aves marinas y costeras, incluyendo el gavilán cangrejero *(Buteogallus anthracinus)*, el águila pescadora *(Pandion haliaetus)* y el pato silbador aliblanco *(Dendrocygna autumnalis)*. Entre los mamíferos destacan el gato de agua *(Lontra longicaudis)*, el gato manglatero *(Procyon cancrivorus)*, el mapache *(Procyon lotor)* y el armadillo común *(Dasypus novemcinctus)*, siendo sus reptiles más característicos la boa *(Boa constrictor)*, el babillo *(Caiman crocodilus)* y el cocodrilo *(Crocodylus acutus)*.

El Refugio de Vida Silvestre Isla de Cañas incluye dentro de sus límites dos de los más importantes sitios arqueológicos de Azuero: El Gaital y El Indio, que contienen muestras de cerámica policroma con unos 1.600 años de antigüedad, así como ejemplos de las primeras manifestaciones de orfebrería que se han descubierto en el Istmo. A pesar de ubicarse en un área remota y de difícil acceso, el refugio puede ser visitado contactando a la Dirección Regional de Los Santos del ANAM, ubicada en Las Tablas (tel. (507) 994-0363), o en Tonosí (tel. (507) 995-8202).

The mangrove swamps and moist tropical forests of Isla de Cañas also contain a large population of sea birds and coastal birds, including the common black-hawk *(Buteogallus anthracinus)*, osprey *(Pandion haliaetus)* and black-bellied whistling duck *(Dendrocygna autumnalis)*. Among the mammals are the noteworthy otter *(Lontra longicaudis)*, crab-eating raccoon *(Procyon cancrivorus)*, raccoon *(Procyon lotor)* and the nine-banded armadillo *(Dasypus novemcinctus)*. The most typical reptiles are the boa *(Boa constrictor)*, caiman *(Caiman crocodilus)* and crocodile *(Crocodylus acutus)*.

Isla de Cañas Wildlife Refuge includes within its boundaries two of the most important archaeological sites in Azuero, El Gaital and El Indio, which contain examples of polychrome ceramics about 1,600 years old, as well as examples of the first signs of goldsmithery discovered on the Isthmus. In spite of being situated in a remote area that is difficult to reach, the refuge may be visited by contacting ANAM in Las Tablas (tel. (507) 994-0363), or through the Tonosí regional office (tel. (507) 995-8202).

La boa (arriba) es uno de los reptiles más comunes en el interior del refugio.
A la izquierda, dos tortugas baula recién nacidas intentan alcanzar el mar.

The boa (above) is one of the most common reptiles in the interior of the refuge. Left, two recently hatched leatherbacks try to make their way to the sea.

En San Telmo nidifican miles de pelícanos pardos (arriba). A la derecha, una bandada de cormoranes.

Thousands of brown pelicans nest on San Telmo (above). Right, a flock of cormorants.

Reserva Natural Privada Isla San Telmo

La Reserva Natural Isla San Telmo es una maravillosa reserva natural privada que protege las 240 hectáreas de playas, manglares, lagunas, acantilados y paisajes insulares y marinos de esta preciosa isla en el afamado archipiélago de Las Perlas, en el golfo de Panamá.

Las extensas playas de arenas blancas de la zona norte de San Telmo, próxima a la isla del Rey, la más grande de las islas de Las Perlas, son sustituidas por enormes acantilados sobre el sector sur de la isla, que reciben el embate de las aguas del gran Pacífico. Numerosos arrecifes de coral, normalmente poco desarrollados, pueden hallarse alrededor de sus costas, encontrándose dispersos sobre el fondo poco profundo de sus aguas litorales.

San Telmo protege muestras excepcionales de los amenazados bosques húmedos premontanos que son típicos de las islas del golfo de Panamá, con impresionantes árboles centenarios de espavé *(Anacardium excelsum)* y cedro espino *(Bombacopsis quinatum)*, que son comunes desde las partes más altas de la isla hasta sus costas. Abundan las boas *(Boa constrictor)* y las denominadas boas arcoiris *(Epicatre cenchria)*, que pueden ser vistas fácilmente por los visitantes al recorrer el sendero natural que da la vuelta completa alrededor de la isla.

La isla es el lugar de nidificación de una colonia de miles de pelícanos *(Pelecanus occidentalis)* que construyen su nido du-

Isla San Telmo Private Nature Reserve

Isla San Telmo Nature Reserve is a wonderful private nature reserve protecting the 240 hectares of beaches, mangroves, lagoons, cliffs, island and marine landscapes on the lovely island of San Telmo in the renowned Las Perlas Archipelago in the Gulf of Panama. The extensive beaches of white sand of the northern part of San Telmo, near to Isla del Rey, the biggest of the Las Perlas Islands, give way to huge cliffs in the southern part of the island, washed by the waters of the Pacific. Many coral reefs, which are usually not very large, lie along its coasts, dispersed on the shallow bottom of the coastal waters.

San Telmo protects exceptional examples of the endangered moist premontane forests that are typical of the islands in the Gulf of Panama, with impressive examples of espave *(Anacardium excelsum)* and spiny cedar *(Bombacopsis quinatum)* hundreds of years old, which are common from the highest parts of the island to the coasts. There are lots of boas *(Boa constrictor)* and so-called 'arcoiris' boas *(Epicatre cenchria)*, which are easy for visitors to see on the nature trail that goes all round the island.

The island is the nesting site for a colony of thousands of pelicans *(Pelecanus occidentalis)* that build their nests in the summer on trees located mainly in the south of the reserve. Preliminary studies indicate that the San Telmo peli-

Las iguanas son los reptiles más abundantes en esta isla del archipiélago de las Perlas.

Iguanas are the most common reptile on this island in the Perlas Archipelago.

*E*N LAS PAREDES ACANTILADAS DE LA ISLA SE concentran, además de los pelícanos pardos, varias especies de garzas y otras aves marinas.

*B*ESIDES BROWN PELICANS, THE ISLAND'S cliffs harbour several species of herons and other seabirds.

rante la época de verano sobre los árboles ubicados principalmente en la parte sur de la reserva. Estudios preliminares señalan que la colonia de pelícanos de San Telmo, que se traslada a las costas de la Reserva Natural Punta Patiño durante los meses de invierno, solamente es superada en importancia por aquélla que se encuentra en el Refugio de Vida Silvestre de las Islas Taboga y Urabá. También son numerosas en las costas de la isla las majestuosas tijeretas *(Fregata magnificens)*, los pájaros bobos *(Sula* sp.) y los cormoranes neotropicales *(Phalacrocorax olivaceus)*.

San Telmo fue establecida como reserva natural en 1992 por la Asociación Nacional para la Conservación de la Naturaleza, ANCON, gracias a la iniciativa del empresario y filántropo panameño Fernando Eleta Almarán, Presidente Fundador de ANCON. La reserva posee un cómodo y funcional Centro Ambiental para alojar visitantes al que se puede llegar fácilmente mediante vuelo privado (25 minutos) desde la ciudad de Panamá hasta la pista de Punta Cocos, en la isla del Rey, para luego trasladarse en bote a San Telmo (20 minutos). Las visitas a San Telmo requieren una reserva previa con ANCON (tel. (507) 264-8100).

can colony, which moves to the coasts of Punta Patiño Nature Reserve in the winter months, is only surpassed in size by the one in Islas Taboga y Urabá Wildlife Refuge. These are also lots of magnificent frigate birds *(Fregata magnificens)*, boobies *(Sula* sp.) and neotropic cormorants *(Phalacrocorax olivaceus)*.

San Telmo was established as a nature reserve in 1992 by the National Association for Nature Conservation, ANCON, on the initiative of the Panamanian businessman and philanthropist Fernando Eleta Almarán, Founding President of ANCON. The reserve has a comfortable and functional Environmental Centre to accommodate visitors. It can be reached easily by private plane (25 minutes) from Panama City to the Punta Cocos landing strip on Isla del Rey, and then by boat to San Telmo (20 minutes). To visit San Telmo, it is necessary to book in advance through ANCON (tel. (507) 264-8100).

A LA IZQUIERDA, UN NIDO DE FRAGATAS O tijeretas de mar y, arriba, un nido de cormoranes neotropicales.

LEFT, THE NEST OF A FRIGATE BIRD, AND, ABOVE, a neotropic cormorant nest.

SOBRE ESTAS LÍNEAS, LAS PLAYAS Y EL manglar del Refugio de Vida Silvestre Playa de la Barqueta Agrícola.

ABOVE, THE BEACHES AND MANGROVE SWAMP OF Playa de la Barqueta Agrícola Wildlife Refuge.

REFUGIO DE VIDA SILVESTRE PLAYA DE LA BARQUETA AGRÍCOLA

El Refugio de Vida Silvestre Playa de La Barqueta Agrícola protege 5.935 hectáreas del litoral pacífico occidental de la provincia de Chiriquí, incluyendo importantes zonas de manglar, playas y humedales que sirven como lugar de nidificación a poblaciones significativas de aves marinas y costeras, así como lugar de reposo y alimentación para numerosas aves migradoras. Las playas del refugio constituyen uno de los más importantes enclaves para la nidificación de las tortugas marinas en el Pacífico occidental de Panamá.

REFUGIO DE VIDA SILVESTRE PLAYA DE BOCA VIEJA

El Refugio de Vida Silvestre Playa de Boca Vieja protege 3.740 hectáreas de playas, manglares y zonas costeras en el área de Remedios, en la provincia de Chiriquí. El refugio es también un lugar de nidificación para las tortugas marinas,

PLAYA DE LA BARQUETA AGRÍCOLA WILDLIFE REFUGE

Playa de La Barqueta Agrícola Wildlife Refuge protects 5,935 hectares of the western Pacific coastline in Chiriquí Province, including important areas of mangrove, beaches and wetlands that serve as nesting sites for significant populations of sea birds and shore birds, as well as being a roosting and feeding site for many migrating birds. The refuge's beaches are one of the most important sea turtle nesting sites in Panama's western Pacific.

PLAYA DE BOCA VIEJA WILDLIFE REFUGE

Playa de Boca Vieja Wildlife Refuge protects 3,740 hectares of beaches, mangrove swamps and coast in the Remedios area of Chiriquí Province. The refuge is also a nesting site for sea turtles, which can be seen laying their eggs on the sand between May and September.

EL GOLFO DE MONTIJO WETLAND

El Golfo de Montijo Wetland protects 89,452 hectares of

LAS RAÍCES AÉREAS DE LOS DENSOS MANGLARES de este refugio se encargan, a manera de zancos, de sostener el peso de los árboles.

THE AERIAL ROOTS OF THE DENSE STANDS of mangrove in this refuge act like stilts, bearing the weight of the trees.

Arriba, una garza tricolor en el Humedal Golfo de Montijo, incluido en la Lista de Humedales de Importancia Internacional de Ramsar.

Above, a tricolored heron in Golfo de Montijo Wetland, which is included on the Ramsar List of Wetlands of International Importance.

que pueden ser observadas depositando sus huevos en la arena de las playas entre los meses de mayo y septiembre.

HUMEDAL EL GOLFO DE MONTIJO

El Humedal El Golfo de Montijo protege 89.452 hectáreas de manglares, humedales y litoral marino costero del golfo del mismo nombre, ubicado en la costa pacífica de la provincia de Veraguas. El Humedal El Golfo de Montijo está reconocido como un humedal de importancia internacional desde el 26 de noviembre de 1990, fecha en que fue incluido en la Lista de los Humedales de Importancia Internacional, especialmente como Hábitat de Aves Acuáticas, de la Convención de Ramsar.

REFUGIO DE VIDA SILVESTRE TABOGA Y URABÁ

El Refugio de Vida Silvestre Taboga y Urabá comprende de 257.5 hectáreas de las zonas insulares en el área sur de la isla del mismo nombre y en la contigua isla Urabá. El refugio protege los enclaves de nidificación de la colonia más importante de pelícanos pardos *(Pelecanus occidentalis)* de la bahía y el golfo de Panamá, así como muestras significativas de la flora y fauna de las islas de Taboga y Urabá.

Ubicadas 15 kilómetros al sur de la ciudad de Panamá en la bahía del mismo nombre, sobre el litoral pacífico del Istmo, Taboga y Urabá se pueden visitar con facilidad desde la ciudad de Panamá utilizando el servicio regular de lanchas que viaja diariamente a Taboga, donde la Autoridad Nacional del Ambiente, ANAM, y la Asociación Nacional para la Conservación de la Naturaleza, ANCON, mantienen un sendero interpretativo que sube hasta el impresionante mirador ubicado en uno de los puntos más altos de la isla y desde el que se observan imponentes vistas del océano Pacífico, de la isla Urabá y de la ciudad de Panamá.

mangrove swamps, wetlands and marine coastline of the gulf of the same name, situated on the Pacific coast in Veraguas Province. El Golfo de Montijo Wetland has been recognised as a wetland of international importance since November 26, 1990, when it was included on the Ramsar Convention's List of Wetland Areas of International Importance, especially as Habitat for Water Birds.

TABOGA AND URABÁ WILDLIFE REFUGE

Taboga and Urabá Wildlife Refuge covers 257.5 hectares of island territory in the southern part of Taboga Island and on nearby Urabá Island. The refuge protects the nesting sites of the most important brown pelican *(Pelecanus occidentalis)* colony in the bay and the Gulf of Panama, and also significant examples of the flora and fauna of the Islands of Taboga and Urabá.

Situated 15 kilometres south of Panama City in the bay of the same name on the Pacific coast of the Isthmus, Taboga and Urabá can be visited easily from Panama City using the regular daily launch service. In Taboga the Autoridad Nacional del Ambiente, ANAM, and the National Association for Nature Conservation, ANCON, maintain a nature trail that goes up to the impressive viewing point at one of the highest points on the island, from where there are magnificent views of the Pacific Ocean, Urabá Island and Panama City.

EL MANGLAR Y UNA JOVEN TORTUGA BAULA en el Refugio de Vida Silvestre Playa de Boca Vieja.

THE MANGROVE SWAMP AND YOUNG LEATHERBACK in Playa de Boca Vieja Wildlife Refuge.

Las Tierras Altas

En los impresionantes macizos y montañas de la Cordillera Central, entre las provincias de Chiriquí y Bocas del Toro, en donde se localizan las máximas altitudes del Istmo panameño, existen una serie de áreas protegidas destinadas a conservar el rico patrimonio botánico y zoológico de estas tierras altas, en el que destacan los numerosos endemismos de sus selvas.

In the impressive massifs and mountains of the Cordillera Central or Central Range, between the provinces of Chiriquí and Bocas del Toro, where the highest points on the Isthmus of Panama are found, there is a series of protected areas. They aim to protect the rich botanical and zoological heritage of these highlands, where many remarkable forest endemisms exist.

En los bosques nubosos de La Amistad crecen por doquier las llamativas heliconias (arriba), junto a bellísimas orquídeas como *Dracula tubeana* (derecha).

In the cloud forests of La Amistad, eye-catching heliconias (above) grow everywhere alongside breathtakingly beautiful orchids such as *Dracula tubeana* (right).

Parque Internacional La Amistad

El Parque Internacional La Amistad fue creado por una iniciativa de los gobiernos de Panamá y Costa Rica formalizada en 1979, cuando los presidentes de ambas naciones suscribieron la Declaración de Guabito y ambos países se comprometieron a conservar la biodiversidad y los recursos naturales de la zona fronteriza. En 1982 los presidentes Carazo, de Costa Rica, y Royo, de Panamá, suscribieron una nueva resolución en la que comprometieron a ambos Estados para crear el parque internacional.

El Parque Internacional La Amistad, conocido popularmente como PILA, comprende 207.000 hectáreas de espectaculares parajes naturales de tierras altas y bosques nubosos únicos en Panamá, ubicados en los impresionantes macizos y montañas de la Cordillera Central entre las provincias de Chiriquí y Bocas

La Amistad International Park

La Amistad International Park was created through an initiative of the governments of Panama and Costa Rica. The initiative was formalised in 1979, when the presidents of both nations signed the Guabito Declaration and both countries committed themselves to conserve the biodiversity and natural resources of the border area. In 1982, President Carazo of Costa Rica and President Royo of Panama signed a new resolution in which they committed both States to the creation of the international park.

La Amistad International Park, popularly known as PILA (Parque Internacional La Amistad), covers 207,000 hectares of spectacular natural highland and cloud forest landscapes that are unique in Panama. They lie in impressive massifs and mountains of the Cordillera Central between the provinces of

Todos los felinos de Panamá poseen poblaciones estables en este espacio protegido. A la izquierda, el poderoso jaguar y, arriba, hongos en el sendero de la Cascada.

All the cat species in Panama are found in stable populations in this protected area. Left, the mighty jaguar and, above, fungi on the Waterfall Trail.

A la izquierda, el sendero del Retoño.
Arriba, la vegetación que tapiza las cimas del parque internacional.
A la derecha, una hembra del bellísimo colibrí montañés gorgiblanco.

Left, the Retoño Trail. Above, the vegetation covering the peaks of this international park. Right, a female of the dazzlingly beautiful species white-throated mountain-gem.

LA EXUBERANCIA DE ESTAS SELVAS QUEDA demostrada en estas colosales hojas de la denominada "sombrilla del pobre".

THE LUXURIANCE OF THESE JUNGLES is apparent in the huge leaves of the so-called poor man's umbrella.

del Toro, que forman el extremo oriental del eje volcánico de Centroamérica, en el que se localizan los puntos más altos del istmo panameño.

La enorme diversidad biológica, la gran importancia económica y la singular riqueza cultural del Parque Internacional La Amistad han motivado el que haya sido declarado por la UNESCO Sitio del Patrimonio Mundial en 1990. El área protege una significativa extensión de los bosques y comunidades naturales de la Cordillera de Talamanca a ambos lados de la frontera tico-panameña, considerada como una de las zonas inalteradas de mayor importancia y biodiversidad del continente americano.

La Amistad está formado por un conjunto de áreas protegidas de una excepcional diversidad biológica y belleza, que incluye el Parque Nacional Volcán Barú, la Reserva Forestal Fortuna y el Bosque Protector Palo Seco, en el lado panameño, y el Parque Internacional y Reserva de la Biosfera La Amistad, del lado costarricense, que en su conjunto protegen más de un millón de hectáreas ininterrumpidas que contienen frágiles y amenazados ecosistemas naturales. Estudios científicos preliminares indican que el número de especies endémicas de la región, tanto de fauna como de flora, es muy elevado.

El origen volcánico de La Amistad explica la presencia de las tobas volcánicas, los valles escarpados y los majestuosos acantilados de su accidentada topografía, con pendientes de gran inclinación a ambos lados de la Cordillera Central que constituye la divisoria de aguas continentales para las vertientes caribeña y pacífica. El parque contiene los picos más altos y especta-

Chiriquí and Bocas del Toro, which make up the eastern end of the volcanic axis of Central America and where the highest points on the Isthmus of Panama occur. The enormous biological diversity, great economic importance and extraordinary cultural wealth of La Amistad International Park led to its being declared a World Heritage Site by UNESCO in 1990. The area protects a significant area of forest and natural communities of the Cordillera de Talamanca on both sides of the Costa Rican-Panamanian border. It is considered one of the most important undisturbed areas on the American continent, with the greatest biodiversity.

La Amistad is made up of a group of protected areas of exceptional biological diversity and beauty. They include Barú Volcano National Park, Fortuna Forest Reserve as well as Palo Seco Buffer Forest on the Panamanian side and La Amistad International Park and Biosphere Reserve on the Costa Rican side. All together they protect over one million uninterrupted hectares of land containing fragile and threatened natural ecosystems. Preliminary scientific studies indicate that the number of endemic plant and animal species in the region is very high. The volcanic origin of La Amistad is the reason for the volcanic rock outcrops, steep valleys and majestic cliffs of its rugged topography, with very steep slopes on both sides of the Cordillera Central, which represents the continental watershed of the Caribbean and Pacific slopes. The park has the highest and most spectacular peaks in Panama, including the noteworthy Cerro Fábrega (3,335 metres), Cerro Itamut (3,279 m), Cerro

ALGUNOS EJEMPLARES DE LA AMENAZADA ÁGUILA harpía, el ave emblemática de Panamá, viven en este parque.

A FEW THREATENED HARPY EAGLES, the emblematic bird of Panama, live in this park.

El sendero del Retoño (izquierda) recorre lugares privilegiados de esta área protegida. Arriba, una de las muchas cascadas que salpican la geografía del parque. A la derecha, atardecer en Cerro Punta.

El Retoño Trail (left) takes one through the best places in this protected area. Above, one of the many waterfalls dotted around the park. Right, dusk on Cerro Punta.

Musgos, helechos y epífitas (arriba y derecha) tapizan los bosques a lo largo del sendero de la Cascada.

Mosses, ferns and epiphytes (above and right) cover the forests along the La Cascada Trail.

culares de Panamá, entre los que destacan el cerro Fábrega (3.335 metros), el cerro Itamut (3.279 m), el cerro Echandi (3.162 m), el cerro Picacho (2.986 m), el cerro Totuma (2.625 m), el cerro Pando (2.482 m) y el cerro Horqueta (2.231 m). El punto más alto del país, el Volcán Barú (3.475 m) se encuentra también en esta zona, en el parque nacional que lleva su nombre, contiguo a La Amistad. La espectacular topografía genera una gran variedad climática. Las temperaturas medias anuales fluctúan entre los 15° C en las cimas de sus cerros y filos de cordillera (se trata de la zona más alta y más fría del país), hasta los 24° C en las planicies sedimentarias de la vertiente caribeña.

La precipitación media anual oscila entre los 5.500 y los 2.500 mm, haciendo del parque una de las zonas más húmedas del territorio nacional. El clima tropical muy húmedo, en las laderas caribeñas más bajas de la reserva, se convierte en clima templado muy húmedo de altura a medida que se asciende hacia la cordillera, para terminar en un clima templado húmedo de altura que es exclusivo de las zonas más altas del parque y que no se encuentra en ninguna otra región del país.

La enorme cantidad de precipitaciones, las alturas de sus cerros y cordilleras, las considerables inclinaciones de las laderas y la topografía quebrada de La Amistad están en el origen de varios de los más importantes ríos de la región, que tienen una gran importancia económica tanto local como nacional. El parque protege las cabeceras y cuencas altas del río Teribe y del río Changuinola, con su enorme potencial hidroeléctrico (el mayor de Panamá), así como las cabeceras de los ríos Scui, Katsi y Uren, afluentes del río Yorkín y el río Sixaola, todos ellos en la vertiente atlántica o caribeña donde se encuentra la mayor parte del territorio de la reserva. En la vertiente pacífica, el parque

protege las cabeceras de los ríos Cotón, Negro, Candela y Chiriquí Viejo, este último uno de los más caudalosos y de mayor importancia económica de la provincia chiricana.

Es excepcional la gran variedad de zonas de vida que se encuentran en La Amistad, con la presencia de siete de las trece

Echandi (3,162 m), Cerro Picacho (2,986 m), Cerro Totuma (2,625 m), Cerro Pando (2,482 m) and Cerro Horqueta (2,231 m). The highest point in the country, Barú Volcano (3,475 m), is also in this area in the national park that bears its name, adjacent to La Amistad. The spectacular topography gives rise to great climatic variation. Average annual temperatures fluctuate between 15° C on the mountain tops and ridges of the cordillera (the highest and coldest part of the country) to 24° C on the sedimentary plains of the Caribbean-facing slope.

Average annual precipitation ranges between 5,500 and 2,500 mm, making the park one of the wettest in the country. The very wet tropical climate on the lowest Caribbean slopes of the reserve changes to very moist temperate upland climate the closer one is to the cordillera, and finally turns into the upland wet temperate climate that is exclusive to the highest parts of the park and not found elsewhere in the country.

The huge amount of precipitation, the altitude of the mountains, the very steep gradient of the slopes and the rough topography of La Amistad have given rise to the region's most important rivers, which are of great economic importance, both locally and nationally. The park protects the sources and upper basins of the River Teribe and the River Changuinola, with their huge hydroelectric potential (the greatest in Panama), and the sources of the Rivers Scui, Katsi and Uren, tributaries of the River Yorkín and the River

Numerosos riachuelos (arriba) y centenares de plantas se observan en el sendero del Retoño.

Many streams (above) and hundreds of plants can be seen on the El Retoño Trail.

Entre las diferentes especies de colibríes destaca por su belleza el macho del alasable violáceo.

Among the different species of humming birds, the male violet sabre-wing stands out for its beauty.

zonas de vida que se localizan en el Istmo. Los bosques del parque incluyen bosques muy húmedos premontanos en las planicies sedimentarias más bajas de la vertiente caribeña de la reserva, que se convierten al subir hacia la Cordillera Central en bosques muy húmedos tropicales, bosques pluviales premontanos, bosques pluviales montanos bajos, bosques pluviales montanos y, por último, el páramo pluvial subalpino, que se encuentra únicamente en los alrededores del cerro Fábrega.

En los bosques muy húmedos tropicales de las regiones más bajas del parque son comunes los árboles de ceiba *(Ceiba pentandra)*, amarillo *(Terminalia amazonia)*, almendro *(Dipterix panamensis)*, miguelorio *(Virola* sp.), y maría *(Calophyllum longifolium)*, y las palmas *Socratea* sp., *Astrocaryun* sp. y *Bactris* sp. Por su parte los bosques muy húmedos premontanos presentan un dosel con más de 40 metros de elevación sobre el suelo, dominado por almendros *(Dipterix panamensis)*, bateos *(Carapa slateri)* y mameicillos *(Sloanea* sp.). En las regiones más elevadas se observan imponentes rodales de roble *(Quercus* sp.) de más de 50 metros de altura, formando con frecuencia grandes bosques homogéneos. Las zonas más altas de la cordillera albergan árboles endémicos: *Cetronia grandiflora*, *Sourquia seibertii* y *Ardisia crassipes*, así como árboles de sigua (*Nectandra* sp.) y ratón (*Weinmaria* sp.). En el sotobosque se observan con frecuencia bambúes, siendo la especie más abundante la batamba *(Chusquea subtessellета)*, así como helechos y arbustos típicos de estas zonas de vida, entre ellos los arbustos endémicos *Palicourea chiriquina*, *Piper lucigamdens* y *Macrocarpaea browallioides*.

La riqueza de flora de La Amistad sólo es superada por la extraordinaria diversidad de fauna presente en el área, incluyendo más de 100 especies de mamíferos, entre los que destacan algunas especies de primates: el mono aullador *(Alouatta palliata)*, el mono araña colorado *(Ateles geoffroyi)*, el mono cariblanco *(Cebus capucinus)* y el mono nocturno o jujuná *(Aotus lemurinus)*. El parque protege además poblaciones importantes de especies muy amenazadas como el macho de monte o tapir *(Tapirus bairdii)*, el puerco de monte *(Tayassu pecari)* y las cinco especies de felinos presentes en el Istmo: el tigre o jaguar

Sixaola, all of which are on the Atlantic or Caribbean slope, where most of the reserve land is located. On the Pacific-facing slope, the park protects the headwaters of the Rivers Cotón, Negro, Candela and Chiriquí Viejo. The latter is one of the largest in terms of volume of water and of greatest economic importance in Chiriquí Province.

There is a great variety of life zones in La Amistad: seven of the thirteen life zones found on the Isthmus. The park's forests include very moist premontane forests on the lowest sedimentary plains of the reserve's Caribbean slope, and, as they extend up the Cordillera, they turn into very moist tropical forest, premontane rainforest, low montane rainforest, montane rainforest and, finally, subalpine pluvial paramo, which is only found around Cerro Fábrega.

In the lower very moist tropical forests of the park, the following trees are common: silk cotton tree *(Ceiba pentandra)*, nargusta *(Terminalia amazonia)*, 'almendro' *(Dipterix panamensis)*, banak *(Virola* sp.), and Santa Maria *(Calophyllum longifolium)*, and the palms *Socratea* sp., *Astrocaryun* sp. and *Bactris* sp. The very moist premontane forest has a canopy over 40 metres above the ground, where 'almendros' *(Dipterix panamensis)*, 'bateos' *(Carapa slateri)* and 'mameicillos' *(Sloanea* sp.) predominate. In the highest regions, there are impressive groves of oak *(Quercus* sp.) over 50 metres high, often forming large homogeneous forests. The highest parts of the Cordillera are home to endemic trees such as *Cetronia grandiflora*, *Sourquia seibertii* and *Ardisia crassipes*, as well as trees of lancewood (*Nectandra* sp.) and lorito (*Weinmaria* sp.). In the undergrowth, bamboo is quite common, the 'batamba' *(Chusquea subtesselleta)* being the most abundant species, together with ferns and bushes typical of these life zones, including the endemic bushes *Palicourea chiriquina*, *Piper lucigamdens* and *Macrocarpaea browallioides*.

La Amistad's wealth of flora is only exceeded by the extraordinary diversity of animal life in the area, including over 100 species of mammals, such as the noteworthy howler monkey *(Alouatta palliata)*, black-handed spider monkey *(Ateles geoffroyi)*, white-throated capuchin *(Cebus capucinus)* and night

La hembra del alasable violáceo compite en belleza con el macho de su especie.

The female violet sabre-wing competes in beauty with the male of the species.

Desde el sendero de la Cascada se pueden observar los impresionantes bosques vírgenes (derecha) que tapizan la geografía de este parque internacional. Arriba, una llamativa oruga.

From the Waterfall Trail it is possible to see the impressive virgin forests (right) covering this international park. Above, an eye-catching caterpillar.

LAS FOTOGRAFÍAS NOS MUESTRAN ALGUNAS de las bellas flores y las densas masas forestales que se desarrollan en estas tierras altas de Panamá.

THE PHOTOS ILLUSTRATE SOME OF THE LOVELY FLOWERS and thick forests of Panama's highlands.

(Panthera onca), el puma o león venado *(Felis concolor)*, el manigordo *(Felis pardalis)*, el tigrillo *(Felis wiedii)* y el tigrillo congo *(Felis yagouaroundi)*. Aquí viven especies muy raras y amenazadas a nivel mundial como la espectacular ardilla saltadora de montaña *(Syntheosciurus brochus)*, el olingo *(Bassaricyon gabbii)* y la musaraña *(Cryptotis endersi)*.

Entre las 61 especies de reptiles presentes en el parque se encuentra la inconfundible y espectacular salamandra pulmonada *(Bolitoglossa compacta)*, la vistosa y mortal culebra coral *(Micrurus mipartitus)* y la serpiente oropel *(Bothrops nigroviridis)*. En el área protegida se han censado 91 especies de anfibios, entre ellas la rana harlequín *(Atelopus chiriquiensis)* y el sapo espinoso *(Bufo coniferus)*.

En La Amistad se puede apreciar al majestuoso quetzal *(Pharomachrus mocinno)*, ave inconfundible de cola larga esmeralda y plumaje verde y rojo resplandeciente, junto a la rara y singular ave sombrilla cuellinuda *(Cephalopterus glabricollis)*, el campanero tricarunculado *(Procnias tricarunculata)*, con su grito semejante al sonido de una campana, y al águila crestada *(Morphnus guianensis)*, una de las más grandes y amenazadas aves rapaces de la región neotrópica. Entre las más de 400 especies de aves censadas en el área brilla con luz propia el ave nacional de Panamá, el águila harpía *(Harpia harpyja)*, así como el colibrí endémico estrella garganta ardiente *(Selasphorus ardens)*, cuya área de distribución se reduce a las tierras altas de Chiriquí y Veraguas.

En las zonas contiguas al parque se ubican complejas culturas indígenas que administran sus propias comarcas y territorios, incluyendo al pueblo Gnöbe o Guaymí, los más numerosos de Panamá, y al pueblo Naso o Teribe, que habita en poblados ribereños cerca del río del mismo nombre, en la provincia de Bocas del Toro.

El ANAM proporciona información sobre el parque en su sede regional de Chiriquí (tel. (507) 775-7840) y atiende a los visitantes en la sede del parque, ubicada en la comunidad de Cerro Punta, en las tierras altas de Chiriquí. El Parque Internacional La Amistad puede ser visitado desde Chiriquí, al que se accede por vehículo a través de los poblados de Cerro Punta, Piedra Candela, Río Sereno y Boquete.

monkey *(Aotus lemurinus)*. The park also protects important populations of very threatened species like Baird's tapir *(Tapirus bairdii)*, white-lipped peccary *(Tayassu pecari)* and the five species of cat found on the Isthmus: jaguar *(Panthera onca)*, puma *(Felis concolor)*, ocelot *(Felis pardalis)*, margay *(Felis wiedii)* and jaguarundi *(Felis yagouaroundi)*. Species that are very rare and threatened at international level, such as the spectacular groove-toothed squirrel *(Syntheosciurus brochus)*, olingo *(Bassaricyon gabbii)* and the shrew *(Cryptotis endersi)*, live here.

The 61 species of reptiles found in the park include the unmistakable and spectacular mountain salamander *(Bolitoglossa compacta)*, the striking and deadly coral snake *(Micrurus mipartitus)* and the oropel *(Bothrops nigroviridis)*. 91 species of amphibians have been recorded in the protected area, including the harlequin frog *(Atelopus chiriquiensis)* and the spiny toad *(Bufo coniferus)*.

It is possible to see the magnificent quetzal *(Pharomachrus mocinno)* in La Amistad. This unmistakable bird with its emerald green tail and glossy green and red plumage lives alongside the rare and extraordinary umbrella bird *(Cephalopterus glabricollis)*, the three-wattled bellbird *(Procnias tricarunculata)*, whose call resembles the sound of a bell, and the crested eagle *(Morphnus guianensis)*, one of the biggest and most endangered birds of prey in the Neotropics. The stars among the more than 400 recorded species of birds are the harpy eagle *(Harpia harpyja)*, the national bird of Panama, and the endemic glow-throated hummingbird *(Selasphorus ardens)*, whose distribution area is restricted to the highlands of Chiriquí and Veraguas.

In the areas adjoining the park there are complex indigenous cultures that run their own districts and land. They include the Gnöbe or Guaymí people, who are the most numerous in Panama, and the Naso or Teribe people, who live in settlements near the river of the same name in Bocas del Toro Province.

ANAM provides information on the park at its regional H.Q. in Chiriquí (tel. (507) 775-7840) and deals with visitors at the park H.Q. located in the community of Cerro Punta in the Chiriquí highlands. La Amistad International Park may be reached from Chiriquí, which it is possible to get to by vehicle via the towns of Cerro Punta, Piedra Candela, Río Sereno and Boquete.

LA VARIEDAD Y BELLEZA DE LAS ORQUÍDEAS que se multiplican en estas selvas húmedas está representada por *Dracula vlad-tepes*.

THE VARIETY AND BEAUTY OF THE ORCHIDS in these moist forests is represented here by *Dracula vlad-tepes*.

A LA DERECHA, UNA DE LAS FRECUENTES CASCADAS que salpican el bosque umbroso de las laderas del volcán Barú. Arriba, una orquídea del parque.

RIGHT, ONE OF THE MANY WATERFALLS DOTTED AROUND the shady forests on the slopes of Barú Volcano. Above, an orchid in the park.

PARQUE NACIONAL VOLCÁN BARÚ

EL PARQUE NACIONAL Volcán Barú comprende 14.000 hectáreas del imponente macizo del volcán Barú, el punto más alto de la República de Panamá, con 3.475 metros de altitud. Ubicado en la vertiente pacífica chiricana contigua a la Cordillera de Talamanca, el parque se sitúa dentro del conjunto espectacular de áreas protegidas de las tierras altas de Panamá, entre las que se encuentran también el Parque Internacional La Amistad (con su sección adicional costarricense), la Reserva Forestal Fortuna y el Bosque Protector Palo Seco.

Desde el área protegida se dominan, en espectaculares panorámicas, ambos océanos y una gran parte de la región oriental del país. Las formaciones de lavas, tobas y acantilados volcánicos se suceden desde los 1.800 metros sobre el nivel del mar hasta la propia cima del volcán Barú. Su variada topografía y sus diferencias de altitud permiten distinguir un clima tropical húmedo en las zonas más bajas y un clima templado muy húmedo de altura en sus secciones más altas.

La temperatura media anual del parque fluctúa entre los 20° C en sus puntos más bajos (a 1.800 metros de altitud) hasta menos de 10° C en la cumbre del volcán. La precipitación media anual experimenta también importantes oscilaciones debido a las influencias orográficas. Así, la precipitación es menos intensa en sus zonas más bajas, con una media en torno a los 4.000 mm, mientras que supera los 6.000 mm en sus puntos más altos. La época de mayor precipitación (o invierno) se da entre los meses de mayo y diciembre, mientras que entre enero y abril la región tiene su estación seca (o verano).

El Parque Nacional Volcán Barú tiene una gran importancia económica no sólo a escala regional sino también nacional, por proteger las cabeceras y nacientes de muchos de los principales ríos de la provincia de Chiriquí, la de mayor producción agrícola del país. Son, el río Caldera, cuyas aguas son utilizadas para generar energía hidroeléctrica para toda la República antes de

BARÚ VOLCANO NATIONAL PARK

BARÚ VOLCANO National Park covers 14,000 hectares of the imposing 3,475-metre-high Barú Volcano Massif, the highest point in the Republic of Panama. Situated on the Pacific-facing slope of Chiriquí Province, next to the Cordillera de Talamanca, the park lies within the spectacular group of protected areas of the highlands of Panama, which also include La Amistad International Park (with its additional Costa Rican section), Fortuna Forest Reserve and Palo Seco Buffer Forest.

From the protected area, there are spectacular panoramic views of both oceans and much of the eastern part of the country. Lava, volcanic rocks and cliffs extend 1,800 metres above sea level to the very top of Barú Volcano. Its varied topography and altitudinal differences give it a moist tropical climate in the lower parts and very moist temperate upland climate in the higher parts.

The mean annual temperature in the park fluctuates between 20° C at the lowest points (at 1,800 metres high) to under 10° C on the top of the volcano. Mean annual precipitation also undergoes great differences due to the orographic influences. As a result, precipitation is less heavy in the lower parts, with an average of around 4,000 mm, while it is over 6,000 mm at the highest points. The season with heaviest precipitation (winter) is between May and December, while the dry or summer season is between January and April.

Barú Volcano National Park is of great economic importance, not only at regional level, but also at national level, because it protects the headwaters and sources of many of the main rivers in Chiriquí Province, the province with the highest agricultural output in Panama. The waters of the River Caldera, for example, are used for generating hydroelectric power for the whole Republic before they join those of the River Chiriquí. The other main rivers are the David, Platanal, Piedra, Escarrea,

LA GRAN PLUVIOSIDAD DEL ÁREA FAVORECE el crecimiento de una densa vegetación forestal (izquierda). Arriba, el colibrí colicerda verde.

THE AREA'S HIGH RAINFALL FAVOURS THE GROWTH OF THICK forest vegetation (left). Above, the green thorntail.

SOBRE ESTAS LÍNEAS, LAS EMPINADAS LADERAS del volcán Barú. A la derecha, interior del bosque de las zonas más bajas del parque nacional.

ABOVE, THE STEEP SIDES OF BARÚ VOLCANO. Right, the interior of the forest in the lowest parts of the national park.

unirse a las del río Chiriquí; y los ríos David, Platanal, Piedra, Escarrea, Gariché y el principal afluente del río Chiriquí Viejo.

La quebrada topografía y las variaciones climáticas del área protegida motivan la existencia de una gran diversidad de zonas de vida y de comunidades naturales. A pesar de sus reducidas dimensiones posee bosques muy húmedos montanos, bosques húmedos montanos bajos, que no existen en ningún otro punto del país, bosques pluviales montanos bajos, bosques pluviales montanos, bosques muy húmedos montanos bajos y bosques pluviales premontanos.

Enormes árboles de roble *(Quercus* sp.) dominan el dosel del bosque en las laderas del macizo, donde también son frecuentes los árboles de vaco *(Magnolia sororum)*, especie endémica del Istmo. El efecto de isla bioclimática causado por su gran altitud y su aislamiento le convierten en un centro de endemismos. Entre las especies botánicas endémicas hay que citar la zarzamora *(Rubus praecipuus)*, las orquídeas *Stelis montana*, *Pleurothallis fuegii echinata*, *Peperomia davidsonii*, *Hoffmannia areolata*, *Anthurium chiriquense*, *Meriania panamensis* y *Ugni warscewiczii*.

Más de 225 especies de aves han sido censadas en el parque, incluyendo al capulinero colilargo *(Ptilogonys caudatus)*, relativamente común en las copas de los árboles del bosque primario, al carpintero serrano *(Picoides villosus)* y al inconfundible campanero tricarunculado *(Procnias tricarunculata)*. El Parque Nacional Volcán Barú es uno de los sitios más accesibles de todo el país para observar al quetzal *(Pharomachrus mocinno)*, cuya distribución panameña se límita a las tierras altas de esta región. Otras aves interesantes que aquí viven son el soterrey del bambú *(Thryorchilus browni)*, el colibrí ventrinegro *(Eupherusa nigriventris)*, el orejivioláceo pardo *(Colibri delphinae)*, el montañés gorgiblanco *(Lampornis castaneoventris)* y el espectacular aguilillo blanco y negro *(Spizastur melanoleucus)*, que se observa con frecuencia volando sobre los acantilados y valles forestados del parque. En el área protegida se encuentran especies endémicas de la Cordillera de Talamanca como la reinita carinegra *(Basileuterus melano-*

Gariché and the main tributary of the River Chiriquí Viejo. The rough topography and the climatic variations in the protected area give rise to a great variety of life zones and natural communities. In spite of its small size, the area contains very moist montane forests, low moist montane forest, not found elsewhere in the country, low montane rain forest, montane rain forest, very moist low montane forest and premontane rain forest.

Enormous oak trees *(Quercus* sp.) predominate in the forest canopy on the sides of the massif, where magnolia *(Magnolia sororum)*, an endemic species on the Isthmus, are also common. The bioclimatic island effect caused by the great altitude and isolation make it a centre for endemisms. Among the endemic plant species, the following are worth a special mention: the 'zarzamora' *(Rubus praecipuus)*, and the orchids *Stelis montana, Pleurothallis fuegii echinata, Peperomia davidsonii, Hoffmannia areolata, Anthurium chiriquense, Meriania panamensis* and *Ugni warscewiczii.*

Over 225 species of birds have been recorded in the park, including the long-tailed silky-flycatcher *(Ptilogonys caudatus)*, which is relatively common in the tree tops of the primary forest, the hairy woodpecker *(Picoides villosus)* and the unmistakable three-wattled bellbird *(Procnias tricarunculata)*. Barú Volcano National Park is one of the most inaccessible places in the whole country to see the quetzal *(Pharomachrus mocinno)*, whose range in Panama is restricted to the highlands in this region. Other interesting birds living here are the timberline wren *(Thryorchilus browni)*, black-bellied hummingbird *(Eupherusa nigriventris)*, brown violet-ear *(Colibri delphinae)*, white-throated mountain-gem *(Lampornis castaneoventris)* and the spec-

La riqueza de las plantas que crecen en el área protegida es enorme, encontrándose entre ellas muchas especies endémicas.

There is a vast wealth of plants growing in the protected region, including many endemic species.

genys), el zeledonia *(Zeledonia coronata)*, el pinzón musliamarillo *(Pselliophorus tibialis)* y la pava negra *(Chamaepetes unicolor)*.

Entre los mamíferos, poseen poblaciones estables el elusivo y amenazado ratón de agua *(Rheomys underwoodi)*, el murciélago *Hylonycteris underwoodi*, el gato de espinas o puercoespín *(Sphiggurus mexicanus)* y docenas de especies de murciélagos, entre los que destacan *Artibeus aztecus* y *Lasiurus borealis*. También se han censado las cinco especies de felinos que habitan el Istmo, siendo el más común entre ellos el puma o león venado *(Felis concolor)*.

A pesar de haber sido creado hace más de dos décadas, en el año 1976, el Parque Nacional Volcán Barú tiene todavía numerosos terrenos privados dentro de sus límites y sus bosques y recursos naturales se enfrentan a una gran presión humana. Su establecimiento formal fue producto de un gran esfuerzo y muchos años de trabajo pionero en materia de conservación por parte de la comunidad y los grupos ambientalistas de la provincia de Chiriquí. Está administrado por la Autoridad Nacional del Ambiente, ANAM, que proporciona información general sobre el mismo en su sede regional en David, Chiriquí (tel. (507) 774-6671). Se accede al parque en vehículos desde el poblado de Cerro Punta, en las faldas occidentales del macizo, y desde la población de Boquete, en las laderas orientales del volcán. Desde ambas poblaciones salen senderos que permiten subir a pie hasta la cima del volcán, aunque desde el camino puede ser transitado con vehículos de doble tracción.

David, la capital de la provincia de Chiriquí, posee un aeropuerto internacional y servicio de vuelos diarios de aproximadamente una hora de duración con la ciudad de Panamá. Se recomienda a los visitantes contactar al ANAM para solicitar consejos sobre los mejores caminos y guías a utilizar para explorar el parque, al que se accede con mayor comodidad en la época seca (de enero a abril).

tacular black-and-white hawk--eagle *(Spizastur mela-noleucus)*, which can often be seen flying over the cliffs and forested valleys in the park. The park is also home to endemic species of the Cordillera de Talamanca, such as the black-cheeked warbler *(Basileuterus melanogenys)*, wrenthrus *(Zeledonia coronata)*, yellow-thighed finch *(Pselliophorus tibialis)* and black guan *(Chamaepetes unicolor)*. Mammals with stable populations include the elusive and endangered mouse *(Rheomys underwoodi)*, the bat *(Hylonycteris underwoodi)*, the porcupine *(Sphiggurus mexicanus)* and dozens of other bat species, including *Artibeus aztecus* and *Lasiurus borealis*. The five cat species found on the Isthmus have also been recorded here, the most common one being the puma *(Felis concolor)*.

In spite of having come into existence over twenty years ago in 1976, there is still a lot of private land within the boundaries of Barú Volcano National Park, and its forests and natural resources are subjected to great pressure as a result of human activities. Its formal creation was the result of great efforts and many years of pioneering conservation work on the part of the community and the environmental groups of Chiriquí Province. The park is administered by the Autoridad Nacional del Ambiente (ANAM), which provides the public with general information on the park at its regional head office in David, Chiriquí (tel. (507) 774-6671).

The park can be reached by vehicle from the town of Cerro Punta on the western slopes of the massif, and from the town of Boquete on the eastern slopes of the volcano. There are paths from both towns leading to the summit of the volcano although the route can also be covered in a four-wheel drive vehicle.

David, the capital of Chiriquí Province, has an international airport with daily connecting flights to Panama City lasting approximately one hour. Visitors should contact ANAM to ask for advice on the best trails and guides in order to explore the park. Park access is best in the dry season (January to April).

VISTA DE LEJOS DE LA INMENSA MOLE DEL volcán Barú que alcanza los 3.475 metros de altitud, convirtiéndose en el techo de Panamá.

FROM FAR AWAY THE IMMENSE BULK of Barú Volcano reaches up to 3,475 metres, making it the roof of Panama.

Sus vistosas orquídeas y sus más de 200.000 hectáreas forestales caracterizan este amplio espacio protegido panameño.

The colourful orchids and over 200,000 hectares of forest are features of this extensive protected area.

Bosque Protector de Palo Seco

El Bosque Protector de Palo Seco alberga 244.000 hectáreas de bosques primarios en la provincia de Bocas del Toro, configurando una de las áreas protegidas más extensas y diversas del país.

Partiendo de la divisoria de aguas en la Cordillera Central, Palo Seco cubre amplias secciones de las laderas y vertientes caribeñas de las tierras más altas del país, protegiendo desde bosques pluviales montanos bajos en la cima de las cordilleras,

Palo Seco Buffer Forest

Palo Seco Buffer Forest protects 244,000 hectares of primary forests in Bocas del Toro Province, comprising one of the most extensive and diverse protected areas in the country.

Starting at the watershed in the Cordillera Central, Palo Seco covers broad sections of the Caribbean-facing slopes of the highest land in Panama, providing protection to areas that range from low montane rain forest on the moun-

El esquivo manigordo posee una importante población en el Bosque Protector Palo Seco, del que aún se desconoce mucho su fauna y flora.

The elusive ocelot is found in large numbers in Palo Seco Buffer Forest, the fauna and flora of which is still little known.

SOBRE ESTAS LÍNEAS, LA ORQUÍDEA *Oncidium ceriniferum* y las numerosas masas forestales nubosas que tapizan el bosque protector.

ABOVE, THE *ONCIDIUM CERINIFERUM* ORCHID AND THE MANY tracts of cloud forest in the buffer forest.

a más de 2.000 metros de elevación sobre el nivel del mar, hasta bosques pluviales premontanos, bosques muy húmedos tropicales y bosques muy húmedos premontanos en sus áreas más bajas, a unos 200 metros de altitud.

Palo Seco forma parte del gran complejo de áreas protegidas de las tierras altas de Panamá, junto con el Parque Internacional La Amistad, la Reserva Forestal Fortuna y el Parque Nacional Volcán Barú. Sus variados hábitats sirven de refugio a una gran diversidad de especies de flora y fauna, que comparte con las áreas protegidas citadas anteriormente, incluyendo numerosas especies endémicas de estas tierras altas, que no se encuentran en ningún otro lugar del mundo.

Palo Seco es administrado por la Autoridad Nacional del Ambiente, ANAM, y al ser un área sumamente remota y de difícil acceso no cuenta con facilidades mínimas para el visitante.

tain tops, at over 2,000 metres above sea level, to premontane rain forest, very moist tropical forests and very moist premontane forests in the lower areas at an altitude of around 200 metres.

Palo Seco is part of the large complex of protected areas of the Panama highlands, together with La Amistad National Park, Fortuna Forest Reserve and Volcán Barú National Park. Its varied habitats serve as a refuge for a great variety of animal and plant species, which it shares with the above-mentioned protected areas including many that are endemic to these highlands and, therefore, not found anywhere else in the world.

Palo Seco is managed by the Autoridad Nacional del Ambiente, ANAM. As it is in an extremely remote area that is difficult to reach, it does not even have minimum facilities for visitors.

La presencia de las nubes es algo inherente al paisaje de Palo Seco (arriba), en el que abundan los colibríes como el alasable violáceo.

Clouds are an inherent feature of the Palo Seco landscape (above) where there are many humming birds such as the violet sabre-wing.

A LA DERECHA, EL EMBALSE DE LA PLANTA hidroeléctrica Fortuna que genera más del 30% de toda la energía eléctrica de Panamá. Arriba, una planta de la reserva.

RIGHT, THE RESERVOIR OF THE FORTUNA HYDROELECTRIC plant generates over 30% of all the electricity in Panama. Above, a plant in the reserve.

RESERVA FORESTAL FORTUNA

LA RESERVA FORESTAL Fortuna se extiende sobre 19.500 hectáreas de bosques de tierras altas en el valle de la Sierpe, provincia de Chiriquí, incluyendo la totalidad de las cuencas hidrográficas de los ríos Chiriquí y Hornito. Fortuna fue creada con el propósito de garantizar la producción hídrica necesaria para la planta hidroeléctrica Fortuna, que genera más del 30% de la energía eléctrica del país y es la más importante de las fuentes de producción dentro del sistema de generación de energía a nivel nacional en Panamá.

Además de su vital importancia económica, Fortuna alberga una enorme diversidad biológica y forma parte del irremplazable conjunto de áreas protegidas de las tierras altas del occidente panameño. Está situada en la vertiente pacífica al sur de la Cordillera Central, que es parte de su límite norte y, a la vez, limita al norte y al este con el Bosque Protector Palo Seco, que protege la vertiente caribeña de esta misma zona a partir de la divisoria de aguas continentales.

La reserva incluye bosques pluviales premontanos, bosques muy húmedos premontanos y bosques pluviales montanos bajos, en los que se han identificado hasta la fecha 1.136 especies de flora, incluyendo 128 especies de helechos, orquídeas, palmas y árboles endémicos de estas tierras altas panameñas. Entre estas especies endémicas destacan la caña verde *(Chamaedorea wedeliana)*, *Ilex fortunensis*, *Ilex chiriquensis* y *Neomirandea chiriquensis*.

La reserva posee también un alto grado de endemismos faunísticos. De las 70 especies de anfibios y reptiles inventariados en el área, tres anfibios son endémicos, *Hyla graceae*, la rana venenosa *Dendrobates speciosus* y *Caecilia volcani*, así como dos reptiles endémicos, *Anolis kemptoni* y *Phytoglosus plicatus*.

Fortuna Forest Reserve

Fortuna Forest Reserve stretches over 19,500 hectares of highlands in the La Sierpe Valley, Chiriquí Province, including all of the hydrographic basins of the Rivers Chiriquí and Hornito. Fortuna was set up with the aim of guaranteeing the generation of the water needed for the Fortuna hydroelectric plant, which produces over 30% of the country's electrical energy and is the most important production source within Panama's national energy production system.

Besides its vital economic importance, Fortuna possesses great biological diversity and forms part of the irreplaceable group of protected areas of the highlands of western Panama. It is situated on the Pacific slope south of the Cordillera Central, which is part of its northern boundary and, at the same time borders to the north and east the Palo Seco Buffer Forest that protects the Caribbean side of this same zone from the continental watershed.

The reserve includes premontane rainforests, very moist premontane forests and low montane rainforests, where so far 1,136 plant species have been identified, including 128 species of ferns, orchids, palms and endemic trees of these Panamanian highlands. Among these endemic species mention should be made of 'caña verde' *(Chamaedorea wedeliana)*, *Ilex fortunensis*, *Ilex chiriquensis* and *Neomirandea chiriquensis*.

The reserve also has a high degree of animal endemisms. Of the 70 species of amphibians and reptiles recorded in the area, three amphibians are endemic, *Hyla graceae*, the poisonous frog *Dendrobates speciosus* and *Caecilia volcani*, as well as two endemic reptiles, *Anolis kemptoni* and *Phytoglosus plicatus*. The

La reserva forestal comprende la totalidad de las cuencas hidrográficas de los ríos Chiriquí y Hornillo, en el valle de La Sierpe.

The forest reserve includes all the hydrographic basins of the rivers Chiriquí and Hornillo in La Sierpe Valley.

manca *(Sturnira mordax)* y la endémica rata espinosa *(Isthmomys flavidus)*, cuyo hábitat se limita a las tierras altas de la región. En Fortuna se ha censado el mamífero más raro de Panamá, *Speothos venaticus.*

La avifauna de la reserva incluye las especies típicas de las tierras altas como el quetzal *(Pharomachrus mocinno)*, la cotinga sombrillera *(Cephalopterus glabricollis)*, el colibrí de vientre negro *(Eupherusa nigriventris)* y el raro trogón colirrayado *(Trogon clathratus).*

Está administrada por la Autoridad Nacional del Ambiente, ANAM, con el apoyo del Instituto de Recursos Hidráulicos y Electrificación, IRHE. La Reserva Forestal Fortuna, así como la enorme presa alta de la hidroeléctrica del mismo nombre, pueden ser visitadas en vehículo en un viaje de una hora desde la ciudad de David, provincia de Chiriquí. La Dirección Regional de ANAM en David (tel. (507) 774-6671) ofrece la información básica sobre esta rica reserva natural.

LAS HORMIGAS ARRIERAS TRANSPORTAN pesos y volúmenes descomunales para su pequeño tamaño.

'ARRIERAS' ANTS CARRY WEIGHTS AND SIZES out of all proportion to their small size.

También está presente, aunque no es endémica, la víbora *Bothrops picadoi*. De las 41 especies de mamíferos censados, existen poblaciones numerosas de especies amenazadas globalmente y protegidas por ley como el puerco de monte *(Tayassu pecari)*, el conejo pintado *(Agouti paca)* y el tapir *(Tapirus bairdii).* En Fortuna también se encuentra el murciélago de Tala-

snake *Bothrops picadoi* is also present although it is not endemic. Of the 41 recorded species of mammals, there are numerous populations of globally endangered and legally protected species, such as the white-lipped peccary *(Tayassu pecari)*, paca *(Agouti paca)* and Baird's tapir *(Tapirus bairdii)*. In Fortuna, it is also possible to find the Talamanca bat *(Sturnira mordax)* and the endemic mouse *(Isthmomys flavidus)*, whose habitat is restricted to the highlands of the region. The rarest mammal in Panama, the bush dog *(Speothos venaticus)* has been recorded in Fortuna.

The reserve's birdlife includes species typical of the highlands, such as the quetzal *(Pharomachrus mocinno)*, the umbrella bird *(Cephalopterus glabricollis)*, black-bellied hummingbird *(Eupherusa nigriventris)* and the rare lattice-tailed trogon *(Trogon clathratus)*.

The reserve is run by the Autoridad Nacional del Ambiente, ANAM, with the support of the Institute for Hydraulic Resources and Electrification, IRHE. Fortuna Forest Reserve, as well as the huge Fortuna Hydroelectric Dam, can be visited in a vehicle on a one-hour trip from the city of David in Chiriquí Province. The Regional Board of ANAM in David (tel. (507) 774-6671) provides the public with general information on the forest reserve.

UNA VISTA DESDE EL ÁREA NATURAL EN LA que se encuentran enclavadas las 19.500 hectáreas protegidas.

A VIEW FROM THE NATURAL AREA CONTAINING 19,500 hectares of protected land.

LAS LAGUNAS DEL VOLCÁN, LOCALIZADAS A 1.200 metros de altitud, es el humedal situado a mayor altura en todo Panamá.

THE VOLCANO LAGOONS, 1,200 METRES UP, constitute the highest wetland in all Panama.

HUMEDAL LAGUNAS DE VOLCÁN

El humedal Lagunas de Volcán protege las lagunas del mismo nombre en la región de Volcán, en las tierras altas de la provincia de Chiriquí, que integran el ecosistema lacustre de mayor altura en la República de Panamá. El humedal, situado a 1.200 metros sobre el nivel del mar, tiene 142.5 hectáreas de extensión e incluye los bosques nativos contiguos a las lagunas, en los que se puede observar al carpintero picoplata *(Campephilus guatemaletensis)* y al raro y amenazado cabezón plumizo *(Pachyramphus aglaiae)*. Se trata de un área excepcional para la observación de las aves ya que aquí conviven las especies más características de las estribaciones con las de las tierras altas. Entre las aves acuáticas más representativas de esta zona húmeda está el pato enmascarado *(Oxyura dominica)* y la jacana norteña *(Jacana spinosa)*. Estas preciosas lagunas son fácilmente accesibles en vehículo ascendiendo a la población de Volcán desde la ciudad de David, capital de la provincia de Chiriquí (aproximadamente en una hora y media).

VOLCÁN LAGUNAS WETLAND

Volcán Lagunas Wetland protects the lagoons of the same name in the Volcán Region in the highlands of Chiriquí Province. They are the highest marsh ecosystem in the Republic of Panama.

The wetland, situated 1,200 metres above sea level, covers 142,5 hectares and includes the native forests adjacent to the lagoons, where it is possible to see the pale-billed woodpecker *(Campephilus guatemaletensis)* and the rare and endangered rose-throated becard *(Pachyramphus aglaiae)*. It is an exceptional area for bird-watching as the most characteristic species of both the lower slopes and the highlands occur together there. The most representative water birds of this wetland are the masked duck *(Oxyura dominica)* and the jacana *(Jacana spinosa)*.

These lovely lagoons are easily reached in a vehicle by travelling down to the town of Volcán from David City, capital of Chiriquí Province (about an hour and a half).

ESTAS LAGUNAS, OBSERVATORIO IDEAL PARA las aves de las tierras altas, están rodeadas de densos bosques con abundantes heliconias.

THESE LAGOONS, WHICH ARE AN IDEAL PLACE to watch highland birds, are surrounded by dense forests with a great variety of heliconias.

El Caribe

El Caribe panameño es de una belleza indescriptible. Sus cálidas y azules aguas, sus manglares, sus cayos y sus playas de arena finísima le convierten en un auténtico paraíso natural.
El Parque Nacional Marino Isla Bastimentos, que comprende una parte del extenso archipiélago de Bocas del Toro, reúne todos estos valores naturales y paisajísticos.

The Panamanian Caribbean is indescribably beautiful. Its warm blue waters, mangrove swamps, keys and beaches of the finest sand make it a veritable natural paradise.
Isla Bastimentos National Marine Park, which includes part of the extensive archipelago of Bocas del Toro, boasts all the above-mentioned natural and landscape features.

La belleza de estas islas y de sus costas queda reflejada en esta vista aérea de la isla de Colón. Arriba, ofiuras en el arrecife.

This aerial view of Colón (Columbus) Island reflects the beauty of these islands and their coasts. Above, serpents star on the reef.

Parque Nacional Marino Isla Bastimentos

Las verdes islas con bosques milenarios del extenso archipiélago de Bocas del Toro surgen de las aguas azules y cristalinas de la laguna del Almirante como la única barrera entre el gran mar Caribe y las costas de tierra firme, constituyendo una preciosa colección de arrecifes de coral, playas de arenas blancas e islas de manglar de singular belleza.

Las islas bocatoreñas no sólo encierran una sorprendente belleza natural y una riqueza cultural de sus poblaciones guaymís y afrocaribeñas, sino que también son un laboratorio viviente en el que se han desarrollado durante siglos procesos evolutivos y desplazamientos de flora y fauna de un enorme interés para los científicos.

El área de Bastimentos se encuentra todavía en el estado inalterado en que lo encontró por vez primera el descubridor de América, el Almirante Colón, cuando navegó por sus aguas a principios del siglo XVI. Los ambientes insulares, marinos y costeros que contiene el parque tienen un enorme valor paisajístico y contribuyen a proteger una parte irremplazable de la diversidad biológica y de la herencia natural de la Nación panameña.

El territorio del parque incluye unas 1.639 hectáreas de territorios insulares en la isla Bastimentos y en los espectaculares cayos Zapatillas, así como unas 11.596 hectáreas de arrecifes, islas de manglar y zonas marinas, únicas en su clase, que no se encuentran en ninguna otra parte del país. En la costa norte del parque, el fuerte oleaje del gran Caribe rompe con fuerza contra la costa rocosa del norte de la isla Bastimentos y de playa Larga, un lugar de reconocida importancia para la nidificación de las tortugas marinas.

A escasos metros de esa costa, la única laguna de agua dulce conocida en un área insular de Panamá sirve de refugio a nu-

Bastimentos Island National Park

THE GREEN ISLANDS of the extensive Bocas del Toro Archipelago, with their thousand-year-old forests, rise out of the blue crystalline waters of the El Almirante Lagoon as the only obstacle between the great Caribbean Sea and the coasts of the mainland. They form a lovely collection of coral reefs, white-sand beaches and extraordinarily beautiful mangrove islands.

The Bocas del Toro Islands not only embody amazing natural beauty and a cultural richness from the Guaymí and Afro-Caribbean populations, they are also a living laboratory, which, over the centuries, has been the scene of evolutionary processes and plant and animal movements of great interest to scientists.

The Bastimentos area is still in the pristine state in which it was first discovered by Admiral Columbus when he sailed through its waters in the sixteenth century. The island, marine and coastal environments that the park protects are very valuable in terms of scenery, and help to protect an irreplaceable part of the biological diversity and natural heritage of the Panamanian nation.

The park's territory includes 1,639 hectares of land on Bastimentos Island and the spectacular Zapatillas Keys, as well as 11,596 hectares of unique reefs, mangrove islands and marine zones not found in any other part of the country. On the north coast of the park, the strong waves of the great Caribbean break fiercely onto the rocky north coast of Bastimentos Island and Larga Beach, renown as an important marine turtle nesting site.

A few metres from that coast, the only known freshwater lagoon on an island area of Panama serves as refuge for many freshwater turtles *(Kinosternon* sp. and *Trachemis scripta)*, caymans *(Caiman crocodilus)* and crocodiles *(Crocodylus acutus)*, and for many other species of amphibians and water birds that

LA RIQUEZA DE FAUNA VERTEBRADA E INVERTEBRADA de los fondos submarinos del archipiélago lo convierten en un lugar idóneo para el buceo.

THE WEALTH OF VERTEBRATE AND INVERTEBRATE fauna in the seas around the archipelago make it an ideal place for diving.

CUATRO ESPECIES DE TORTUGAS EN PELIGRO de extinción nidifican en este parque nacional marino, entre ellas la tortuga carey.

FOUR THREATENED TURTLE SPECIES NEST in this national marine park, including the hawksbill.

merosas tortugas de agua dulce *(Kinosternon* sp. y *Trachemis scripta)*, a babillos *(Caiman crocodilus)* y cocodrilos *(Crocodylus acutus)*, y a muchas otras especies de anfibios y de aves acuáticas que son frecuentes en la zona, incluyendo al martín pescador norteño *(Ceryle alcyon)* y al martín pescador grande *(Ceryle torquata)*. En su costa sur, el ambiente del gran Caribe se transforma en la apacible laguna del Almirante con sus numerosos canales e islas de manglar, únicas en su clase en toda la costa caribeña de Panamá. Algunas de estas islas de manglar alcanzan un tamaño de hasta 50 hectáreas. Rodeadas de corales y de fondos arenosos cubiertos por praderas de hierbas marinas *(Thalassia testudinum)*, integran un ambiente marino en el que abundan las tortugas marinas, los equinodermos como estrellas, pepinos y erizos de mar y numerosos otros invertebrados

are common in the area, including the .belted kingsfisher *(Ceryle alcyon)* and the ringed kingsfisher *(Ceryle torquata)*.

On its southern coast, the Caribbean Sea environment changes into the peaceful El Almirante Lagoon with its many channels and mangrove islands, unique of their kind along the whole Caribbean coast of Panama. Some of those mangrove islands are as big as 50 hectares. Surrounded by corals and sandy shallows covered in meadows of sea grass *(Thalassia testudinum)*, they form a marine environment that teems with marine turtles, echinoderms, such as starfish, sea cucumbers and sea urchins, and many other marine invertebrates. The national park conserves the greatest stretch of Caribbean mangrove swamp in the country, as well as the best conserved coral reefs on the Caribbean coast.

ESTA ENORME MEDUSA SE DESPLAZA lentamente con sus largos y peligrosos tentáculos por las aguas cálidas del Caribe panameño.

THIS HUGE JELLYFISH USES ITS LONG, DANGEROUS tentacles to move slowly through the warm waters of the Panamanian Caribbean.

Una tortuga carey penetrando en el mar en la isla Colón. Arriba, manglares en la isla Bastimentos.

A hawksbill on Colon Island making its way into the sea. Above, mangrove swamps on Bastimentos Island.

La frondosidad de los bosques de la isla Colón (arriba) es sorprendente. A la derecha, la denominada playa Larga en la isla Bastimentos.

The forests on Colón Island (above) are surprisingly luxuriant. Right, the so-called Long Beach on Bastimentos Island.

La rana venenosa Dendrobates pumilio es notable por la variedad de coloración de sus ejemplares.

The poisonous frog Dendrobates pumilio is notable for the colour variations on different individuals.

marinos. El parque nacional conserva la mayor extensión de manglares caribeños del país, así como los arrecifes de coral mejor conservados de dicho litoral.

La topografía de la isla de Bastimentos está conformada en su mayoría por litorales y costas bajas, zonas inundables, planicies, llanuras y colinas de origen sedimentario y volcánico que alcanzan una altura máxima de unos 60 metros sobre el nivel del mar.

Los cayos Zapatillas, en el extremo noreste del parque, constan de dos islas con una extensión de 34 y 14 hectáreas respectivamente, rodeadas de espectaculares playas de arena blanca y de arrecifes de coral que abarcan unas 500 hectáreas de extensión, en los que abundan diversos órdenes de corales *(Antipatharia, Gorgoniacea* y *Scleractinia).* En las zonas marinas de los cayos y el parque viven dos especies de langosta, *Panulirus argus* y *Panulirus gutatus,* y es también común el molusco comestible *Strombus gigas.* Las temperaturas medias de 26° C y los vientos alisios del norte caracterizan el clima del parque marino, que presenta una precipitación media de 3.000 mm al año. En los bosques húmedos tropicales del parque se han registrado más de 300 especies de plantas vasculares, dominadas por el cedro bateo *(Carapa guianensis),* el níspero *(Manilkara zapota),* el mayo blanco *(Vochysia hondurensis),* el roble *(Tabebuia rosea)* y el amarillo *(Terminalia amazonia).* En las áreas de poca luz, en el piso del bosque, se encuentran epífitas y helechos de los géneros *Trichomanes, Dicranoglossum, Tectaria, Pleopeltis, Elaphoglossum* y *Polypodium.*

En los bosques intervenidos y en recuperación son comunes los árboles de guácimo colorado *(Luehea seemannii),* cerillo *(Symphonia globulifera),* jobo *(Spondias mombin)* e higuerón *(Ficus insipida).* Es también muy común la gimnosperna *Zamia skinneri,* representada en el parque por un gran número de ejemplares.

En sus playas nidifican 4 especies de tortugas marinas amenazadas a escala mundial, entre ellas la tortuga verde *(Chelonia mydas),* la caguama *(Caretta caretta)* y la tortuga carey *(Eretmochelys imbricata).*

En las zonas de manglares, dominadas por el mangle rojo *(Rhizophora mangle)* y el mangle blanco *(Laguncularia racemosa)* es frecuente observar a la reinita amarilla *(Dendroica petechia),* a la reinita manglera *(Dendroica petechia erithrachoriles)* y a la candelita norteña *(Setophaga ruticilla).*

De las 28 especies de reptiles y anfibios que se encuentran en las 13.226 hectáreas de bosques, manglares y arrecifes que protege el Parque Nacional Marino Isla Bastimentos, más de la mitad (17 especies) se encuentran amenazadas o en vías de extinción.

The topography of Bastimentos Island mainly consists of coastline, low-lying coast, areas liable to flooding, plains and hills of sedimentary and volcanic origin that reach a maximum altitude of about 60 metres above sea level.

The Zapatillas Keys, at the north-eastern end of the park, are made up of two islands of 34 and 14 hectares surrounded by spectacular white-sand beaches and coral reefs covering some 500 hectares, where various orders of coral *(Antipatharia, Gorgoniacea* and *Scleractinia)* abound. In the marine areas of the keys and the park, two species of lobster (*Panulirus argus* and *Panulirus gutatus)* live, and the edible mollusc *Strombus gigas* is also common.

Average temperatures of 26° C and the northern trade winds characterise the climate of the marine park, where average annual precipitation is 3,000 mm. In the park's moist tropical forests, over 300 species of vascular plants have been recorded, with a predominance of crabwood *(Carapa guianensis)*, 'níspero' *(Manilkara zapota)*, guaruba *(Vochysia hondurensis)*, oak *(Tabebuia rosea)* and yellow tree *(Terminalia amazonia)*. In areas with poor light in the forest layer, there are epiphytes and ferns of the genera *Trichomanes*, *Dicranoglossum*, *Tectaria*, *Pleopeltis*, *Elaphoglossum* and *Polypodium*.

In disturbed and recovering forests, the following trees are common: cotonron *(Luehea seemannii)*, 'cerillo' *(Symphonia globulifera)*, wild plum *(Spondias mombin)* and the fig 'higuerón' *(Ficus insipida)*. The gymnosperm *Zamia skinneri* is also very common. On the beaches, 4 species of marine turtles, endangered world-wide, come to nest. They include the Pacific green *(Chelonia mydas)*, the loggerhead *(Caretta caretta)* and the hawksbill *(Eretmochelys imbricata)*.

In the mangrove zones, where the red mangrove *(Rhizophora mangle)* and white mangrove *(Laguncularia racemosa)* predominate, it is common to see yellow warbler *(Dendroica petechia)*, yellow warbler manglera *(Dendroica petechia erithrachoriles)* and american redstart *(Setophaga ruticilla)*.

Of the 28 species of reptiles and amphibians found over the 13,226 hectares of forests, mangrove areas, and coral reefs protected by Bastimentos Island Marine National Park, over half (17 species) are threatened or endangered.

Various birds can often be seen flying over the sea. Apart from the magnificent flight of the huge frigate birds *(Fregata magnificens)*, which have a wing span of over a metre, there are laughing gulls *(Larus atricilla)* and spotted sandpiper *(Actitis macularia)*.

Most of the 68 species of birds recorded in the protected area live in the park's forests, including the spectacular and unmistakable three-wattled bellbird *(Procnias tricarunculata)*, crowned woodnymph *(Thalurania colombica)* and the beautiful

Este cangrejo del manglar permanece entre la vegetación acechando el paso de sus futuras presas, que nunca le faltan.

This mangrove crab skulks in the vegetation stalking the movements of potential prey, of which there is no shortage.

En el archipiélago Bocas del Toro se multiplican las especies marinas y terrestres. Arriba, un crinoideo del género *Sabella* y, a la derecha, la costa de la isla Bastimentos y una espectacular mariposa del género *Morpho.*

On the Bocas del Toro Archipelago, marine and land species proliferate. Above, a crinoid of the genus *Sabella* and, right, the coast of Bastimentos Island and a spectacular butterfly of the genus *Morpho.*

*E*n los bosques húmedos tropicales del parque las lianas, junto a numerosas plantas parásitas, proliferan por doquier.

*L*ianas proliferate all over the park's moist tropical forests, together with many parasitic plants.

Sobre el mar, es frecuente observar con su vuelo majestuoso a las enormes tijeretas *(Fregata magnificens)*, que miden más de un metro de punta a punta de sus alas, así como a las gaviotas reidoras *(Larus atricilla)* y al playero coleador *(Actitis macularia)*.

En los bosques del parque vive la mayoría de las 68 especies de aves censadas en el área protegida, incluyendo al espectacular e inconfundible campanero tricarunculado *(Procnias tricarunculata)*, la ninfa coronada *(Thalurania colombica)* y el bello colibrí barbita colibandeada *(Threnetes ruckeri)*. Es frecuente ver volar en bandadas al loro frentirrojo *(Amazona autumnalis)* y a la cazanga o loro frentiazul *(Amazona menstruus rubligularis)*. En Swans Cay, ubicado muy cerca de la reserva, se puede observar al espectacular rabijunco piquirrojo *(Phaethon aethereus)*, hermosa ave marina de inconfundibles plumas blancas muy largas en su cola que exceden la longitud de su cuerpo.

Más de 32 especies de mamíferos han sido inventariados en Bastimentos, con poblaciones numerosas del perezoso de dos dedos *(Choloepus hoffmani)* y del perezoso de tres dedos *(Bradypus variegatus)*. Trece especies de murciélagos habitan en el área protegida, entre ellos el murciélago pescador *(Noctilio leporinus)* y los murciélagos *Artibeus jamaicensis* y *Glossophaga soricina*. La importancia de los quirópteros en la recuperación de los bosques no debe ser desestimada, ya que recientes estudios científicos indican que las semillas del 95% de las plantas que crecen en tierras deforestadas han sido dispersadas por estos mamíferos voladores.

En las áreas forestales son comunes también el conejo pintado *(Agouti paca)*, los monos cariblancos *(Cebus capucinus)*, el mono nocturno o jujuná *(Aotus trivirgatus)* y el vistoso oso hormiguero *(Tamandua mexicana)*. Entre los anfibios destaca la presencia de la rana venenosa *Dendrobates pumilio*, que se encuentra entre la hojarasca de los bosques siempreverdes poco alterados del parque presentando una gran variedad de coloraciones, un posible indicativo de especialización por aislamiento insular.

La zona alberga también numerosas especies de reptiles, incluyendo poblaciones estables de boas *(Boa constrictor)*, vistosos merachos *(Basiliscus basiliscus)* e iguanas verdes *(Iguana iguana)* que pueden ser observadas con facilidad por los visitantes al área.

Los poblados más cercanos al parque son la población afrocaribeña de Bastimentos, la aldea indígena guaymí de Salt Creek y la pequeña ciudad de Bocas del Toro, capital provincial ubicada en la isla Colón. Al parque se accede fácilmente por bote desde la población de Bocas del Toro, que a su vez recibe vuelos diarios de una hora de duración desde la ciudad de Panamá.

Los estudios preliminares para su establecimiento fueron realizados por la Dirección Nacional de Áreas Protegidas y Vida Silvestre del ANAM (tel. (507) 232-7228) con el apoyo técnico y científico de la Asociación Nacional para la Conservación de la Naturaleza, ANCON, que posee una oficina regional en Bocas del Toro abierta al público con información sobre la zona (tel. (507) 757-9226).

El parque es administrado desde su creación por el ANAM, que mantiene su sede administrativa en la ciudad de Bocas del Toro y ofrece información al público (tel. (507) 757-9244). El ANAM tiene además instalaciones rústicas de guardaparques en uno de los cayos Zapatillas, que pueden ser visitados fácilmente en bote desde la isla Colón.

band-tailed barbthroat *(Threnetes ruckeri).* It is common to see red-lored amazon *(Amazona autumnalis)* and the blue-headed parrot *(Amazona menstruus rubligularis)* flying together in flocks. At Swans Key, very near the reserve, it is possible to see the spectacular red-billed tropicbird *(Phaethon aethereus),* a beautiful sea bird with unmistakable long white tail feathers longer than its body.

Over 32 mammal species have been recorded in Bastimentos, with numerous populations of two-toed sloth *(Choloepus hoffmani)* and three-toed sloth *(Bradypus variegatus).* Thirteen bat species live in the park, including the bulldog bat *(Noctilio leporinus), Artibeus jamaicensis* and *Glossophaga soricina.* The importance of bats to forest recovery must not be underestimated, as recent studies indicate that they dispersed seeds of 95% of the plants growing on deforested land.

The paca *(Agouti paca),* white-throated capuchin *(Cebus capucinus),* night monkey *(Aotus trivirgatus)* and striking anteater *(Tamandua mexicana)* are also common in the forest areas. Among the amphibians, the presence of the poisonous frog *Dendrobates pumilio* is worth a special mention. It is found in the leaf litter of the park's slightly disturbed evergreen forests and presents great variations in colouring, a possible indication of specialisation due to isolation on an island.

The area also contains numerous reptile species, including many populations of boa *(Boa constrictor),* striking basilisks *(Basiliscus basiliscus)* and iguanas *(Iguana iguana)* that can easily be seen by visitors.

The nearest towns to the park are the Afro-Caribbean settlement of Bastimentos, the Guaymí native village of Salt Creek and the small city of Bocas del Toro, the provincial capital located on Columbus Island (Isla Colón). Visitors can reach the park easily by boat from Bocas del Toro, to where there are daily one-hour flights from Panama City.

Preliminary studies to set the park up were carried out by the National Board for Protected Areas and Wildlife of ANAM (tel. (507) 232-7228) with technical and scientific support from the National Association for Nature Conservation, ANCON, which has a regional office in Bocas del Toro that is open to the public and can provide information on the area (tel. (507) 757-9226).

Since its creation, the park has been run by ANAM, which has its administrative H.Q. in the city of Bocas del Toro and provides information to the public (tel. (507) 757-9244). ANAM also has rudimentary ranger facilities on one of the Zapatillas Keys, which can easily be visited by boat from Columbus Island (Isla Colón).

PLAYAS, TRONCOS SECOS, MANGLARES Y AGUAS COLOR esmeralda definen el paisaje del área protegida.

WHITE SANDY BEACHES, DEAD TREE TRUNKS ON THE SHORE, mangrove swamps and emerald green waters define the Caribbean landscape of the protected area.

Una quebrada (izquierda) recorre el interior de la isla Bastimentos. Arriba, uno de los espectaculares cayos Zapatillas y, a la derecha, un atardecer sobre la playa de la isla Colón.

A small river (left) crosses the interior of Bastimentos Island. Above, one of the spectacular Zapatillas keys, and, right, dusk at the beach on Colón Island.

Las ruinas de Portobelo, en el Parque Nacional Portobelo, fueron declaradas por la UNESCO Patrimonio de la Humanidad en el año 1980.

The ruins at Portobelo in Portobelo National Park were declared a UNESCO World Heritage Site in 1980.

Parque Nacional Portobelo

Las 34.826 hectáreas del Parque Nacional de Portobelo incluyen uno de los más bellos puertos naturales de todo el mar Caribe, la bahía de Portobelo. Las fortificaciones que aún se conservan rodeando la ensenada fueron declaradas por la UNESCO en el año 1980 Sitio del Patrimonio Mundial.

En el año de 1502, al circunnavegar Cristóbal Colón las costas del Caribe panameño en su cuarto y último viaje al Nuevo Mundo, el Almirante, deslumbrado por la belleza de este puerto de aguas azul-esmeralda y por los imponentes bosques tropicales que descendían hasta sus costas, decidió bautizarlo con el

Portobelo National Park

The 4,826 hectares of Portobelo National Park include one of the most beautiful natural ports in the entire Caribbean Sea, Portobelo Bay. The well preserved fortifications surrounding the inlet were declared a World Heritage Site by UNESCO in 1980.

In 1502, when he was circumnavigating the Caribbean coasts of Panama on his fourth and last journey to the New World, Christopher Columbus, dazzled by the beauty of the port's blue-green waters and imposing tropical forests stretching down to the coasts, decided to name it Portobelo.

A la izquierda, las Baterías Baja y Alta de San Fernando que protegían uno de los flancos de la ensenada. Arriba, ruinas de la iglesia colonial.

Left, the Upper and Lower San Fernando Batteries that protect one of the flanks of the bay. Above, ruins of the colonial church.

PARA LA CONSTRUCCIÓN DE LAS PODEROSAS FORTALEZAS se utilizaron rocas coralinas, dañando seriamente parte de los arrecifes del área.

CORAL ROCKS WERE USED TO BUILD THE ROBUST fortifications, thereby seriously damaging part of the area's coral reefs.

nombre de Portobelo. Los 70 kilómetros de preciosas costas comprendidas entre la bahía de Buenaventura y la bahía de San Cristóbal (al norte) conservan importantes extensiones naturales de arrecifes de coral, manglares, lagunas y playas de un gran valor paisajístico. Lamentablemente, los bosques pluviales premontanos, muy húmedos tropicales, muy húmedos premontanos y bosques húmedos tropicales que integran el parque se encuentran muy amenazados por la deforestación y sobre todo por la presión humana que también está causando un impacto negativo considerable sobre los arrecifes del parque, igualmente muy deteriorados.

Con una precipitación media anual de 4.800 mm, la temperatura media en el parque fluctúa entre los 27° C de sus costas y tierras bajas, hasta los 24° C en sus zonas más altas. El punto

The 70 kilometres of lovely coasts between Buenaventura Bay and San Cristóbal Bay (to the north) conserve large natural stretches of coral reef, mangroves, and scenic lagoons and beaches. Unfortunately, the premontane rain forests, very moist tropical forests, very moist premontane forest and moist tropical forest that make up the park are under great threat from deforestation and, above all from the human pressure that is also having a considerable negative effect on the park's coral reefs, which have suffered great deterioration.

With average annual precipitation of 4,800 mm, the average temperature in the park fluctuates between 27° C on its coasts and lowlands to 24° C at its highest points. The highest point in the park is Cerro Bruja (979 metres), situated on the continental watershed. Other high points are Cerro Santo Domingo (792 m)

A NADIE SORPRENDE QUE ESTA MARAVILLOSA ENSENADA de aguas azul-esmeralda y rodeada de bosques entusiasmase a Cristóbal Colón en el año 1502.

NOBODY IS SURPRISED THAT THIS WONDERFUL BAY, WITH its blue-green waters surrounded by forests, should have thrilled Christopher Columbus in 1502.

Portobelo se convirtió durante más de dos siglos en el puerto caribeño más importante del imperio español.

For over two centuries Portobelo was the most important Caribbean port in the Spanish empire.

más alto del parque es cerro Bruja (979 metros de altitud), situado en la divisoria de aguas continentales. Otras atalayas son el cerro Santo Domingo (792 m) y el cerro Guanche (434 m), más cercano a la costa. Dentro de la superficie protegida están la sierra Llorona, conocida por la gran cantidad de lluvias que recibe, los cerros de Pan de Azúcar y Palmas y una estrecha franja montañosa dentro del límite norte de la cuenca del Canal de Panamá.

El Parque Nacional de Portobelo protege igualmente las cabeceras y cuencas hidrográficas de varios de los más importantes ríos de la región, el Cascajal, el Guanche, el Piedras, el Iguana, el Iguanita y el Brazuelo. En ellos se refugia el gato de agua *(Lontra longicaudis)* y es fácil observar en sus riberas a numerosas iguanas *(Iguana iguana)* que toman el sol sobre las ramas de los árboles, y a la mayor de las especies de martín pescador *(Ceryle torquata)* que viven en el Istmo.

Una especie abundante es el gato manglatero o mapache *(Procyon cancrivorus)*, en especial en las áreas de manglar y las costas, donde también se detecta con frecuencia la presencia de la garza tigre barreteada *(Tigrisoma fasciatum)*. En los bosques más remotos de la reserva se ven grupos de monos cariblancos *(Cebus capucinus)* y se ha citado la presencia de elanio plomizo *(Ictinia plumbea)* y del gavilán negro mayor *(Buteogallus urubitinga)*.

En la costa es común observar al águila pescadora *(Pandion haliaetus)* y al gavilán cangrejero *(Buteogallus anthracinus)*. Las playas de la reserva son lugares de nidificación para las tortu-

and Cerro Guanche (434 m) nearer the coast. Within the protected area are Sierra Llorona, known for the large amount of rain that falls there, Cerros de Pan de Azúcar and Palmas, and a narrow mountainous strip within the northern boundary of the Panama Canal basin.

Portobelo National Park also protects the headwaters and hydrographic basins of several of the region's most important rivers, the Cascajal, Guanche, Piedras, Iguana, Iguanita and Brazuelo, which provide a refuge for the otter *(Lontra longicaudis)*. It is easy to see lots of iguanas *(Iguana iguana)* along the river banks sunning themselves on the branches of the trees, as well as the largest of the kingfisher species *(Ceryle torquata)* found on the Isthmus.

The crab-eating raccoon *(Procyon cancrivorus)* is common, especially in the mangrove areas and on the coasts, where fasciated tiger-heron *(Tigrisoma fasciatum)* also often appears. In the most remote forests of the reserve, there are troops of white-throated capuchin *(Cebus capucinus)*, and the plumbeous kite *(Ictinia plumbea)* and great black-hawk *(Buteogallus urubitinga)* have been recorded.

On the coast, it is common to spot the osprey *(Pandion haliaetus)* and the common black-hawk *(Buteogallus anthracinus)*. The reserve's beaches are nesting sites for sea turtles. Every year four species, including the endangered hawksbill turtle *(Eretmochelys imbricata)* are recorded there. Founded on May 20th 1597 by D. Francisco Valverde y Mercado, the city of San

ESTAS VIEJAS DEFENSAS COLONIALES NOS hablan de la importancia comercial de las famosas ferias de Portobelo, que le convirtieron en la perla del Caribe.

THESE OLD COLONIAL DEFENCES ARE TESTIMONY to the commercial importance of the famous Portobelo fairs, which made it into the pearl of the Caribbean.

Un gallinazo negro descansa en el Fuerte de San Jerónimo, situado al fondo de la bahía, junto a la población.

A black vulture perched on San Jerónimo Fort, located at the end of the bay next to the town.

gas marinas, y en ellas se registran anualmente arribadas de cuatro especies, entre las que destaca la amenazada tortuga carey *(Eretmochelys imbricata).*

Fundada el 20 de mayo de 1597 por D. Francisco Valverde y Mercado, la ciudad de San Felipe de Portobelo alcanza en la segunda mitad del siglo XVII todo su esplendor, al convertirse en la ciudad terminal caribeña de la ruta colonial transístmica. Esta ruta era vital para España en América, ya que los tesoros del Perú y de otros países sudamericanos debían atravesar por tierra el istmo de Panamá antes de ser embarcados desde Portobelo con destino a España. Se construyeron entonces magníficas fortificaciones en la entrada del puerto y de la ciudad para tratar de impedir los ataques de los piratas y corsarios ingleses tan frecuentes en el Caribe. El fuerte de San Fernando, el sitio La Trinchera, la casa Fuerte Santiago y el formidable castillo de San Felipe del Morro, todos ellos conservados dentro del imponente Conjunto Monumental Histórico de Portobelo, se encargaban de defender este importante puerto comercial.

Las famosas ferias de Portobelo convirtieron a esta ciudad en la perla del Caribe colonial durante casi doscientos años, ya que era en ella donde coincidían las principales mercancías y los más importantes comerciantes del viejo y el nuevo mundo para realizar sus ventas y transacciones. Su riqueza atrajo el interés y la atención de los piratas, que atacaron Portobelo en repetidas ocasiones. Sir Henry Morgan, el temible pirata inglés, tomó de forma espectacular la ciudad y la saqueó en 1668. Sir Francis Drake, el legendario navegante y corsario inglés que circunnavegó el mundo, murió y fue sepultado en el mar a un costado del Peñón del Drake, frente a las costas de Portobelo en 1596.

El parque está administrado por el ANAM, que cuenta con personal especializado y proporciona información general en la sede administrativa del mismo, ubicada en Nuevo Tonosí (tel. (507) 441-9282). A Portobelo se accede fácilmente desde la ciudad de Panamá por carretera (el viaje dura aproximadamente 2 horas), así como desde la ciudad de Colón (unos 45 minutos).

La antigua Casa de Aduanas de Portobelo, considerada una de las principales edificaciones coloniales del conjunto monumental, ha sido totalmente restaurada recientemente con la ayuda del Gobierno de España y se encuentra abierta al público en el pueblo de Portobelo, bajo la administración del Instituto Nacional de Cultura, INAC (tel. (507) 228-7055). En la antigua aduana se puede también contratar guías bilingües para recorrer las fortificaciones de Portobelo.

Felipe de Portobelo reached its greatest splendour in the second half of the fifteenth century, when it became the last stop in the Caribbean on the colonial route across the Isthmus. This route was vital for Spain in America as the treasure from Peru and other South American countries had to be transported by land across the Isthmus of Panama before being shipped from Portobelo to Spain. As a result, magnificent fortifications were built at the entrance to the port and the city to try to stop the attacks by English pirates and corsairs that were so common in the Caribbean. San Fernando Fort, La Trinchera Fort, Fort Santiago House and the formidable Castle of San Felipe del Morro, all of which are preserved within the impressive unit known as the 'Conjunto Monumental Histórico de Portobelo' (i.e. a listed site of historical interest), had the task of defending this important trading port.

The famous Portobelo fairs made this city the pearl of the colonial Caribbean for nearly two hundred years as the main merchandise and the most important traders of the Old and New Worlds came together here for sales and transactions. Its wealth attracted the interest and attention of pirates, who made repeated attacks on Portobelo. In 1668, Sir Henry Morgan, the fearsome English pirate, took the city in a spectacular fashion and plundered it. Sir Francis Drake, the legendary English sailor and corsair, who sailed round the world, died and was buried at sea in 1596 a boat's length from El Peñón Drake (Drake's Rock) off the coast of Portobelo.

The park is run by ANAM, which has specialist staff and provides general information on the park at the park's main office in Nuevo Tonosí (tel. (507) 441-9282). Portobelo can easily be reached from Panama City by road (the trip lasts about 2 hours), and from the city of Colón (about 45 minutes). The former Customs House in Portobelo, considered to be one of the main colonial buildings of the group of monuments, was recently completely restored with the aid of the Spanish Government and is open to the public in the town of Portobelo. It is run by the National Culture Institute, INAC (tel. (507) 228-7055). In the old Customs House, it is also possible to hire bilingual guides for a tour of the fortifications of Portobelo.

La batería de Santiago era una de las primeras en rechazar la llegada de los piratas por su proximidad a la boca de la ensenada.

The Santiago battery was one of the first to repel pirates due to its proximity to the mouth of the bay.

ÉL ÁREA SILVESTRE DE NARGANÁ, ADMINISTRADA por el pueblo Kuna, se extiende sobre casi cien mil hectáreas de una gran biodiversidad.

THE WILD AREA OF NARGANÁ, RUN BY THE KUNA PEOPLE, stretches over almost one hundred thousand hectares and has great biodiversity.

ÁREA SILVESTRE DE NARGANÁ

El Área Silvestre de Narganá comprende un territorio de 98.999 hectáreas dentro del corregimiento de Narganá, en la región noroccidental de la Comarca de San Blas, territorio autónomo ubicado en el Caribe oriental panameño y administrado por el pueblo Kuna.

Esta reserva natural fue establecida por iniciativa y liderazgo del pueblo y Congreso General Kuna, pobladores indígenas autóctonos del Istmo que administran el área de Narganá. En ésta se distinguen las especies marinas e insulares propias del Caribe panameño, así como muestras significativas de la flora y fauna terrestre de Kuna Yala.

El Área Silvestre de Narganá incluye las instalaciones de PEMASKY, un proyecto conservacionista kuna ubicado en la divisoria continental de la serranía de San Blas y que cuenta con instalaciones para hospedar visitantes y excelentes y atractivos senderos naturales en el área.

Entre las especies botánicas que puede apreciar el visitante destaca la heliconia de terciopelo dorado *(Heliconia xanthovillosa)*, así como numerosas plantas usadas en la medicina tradicional kuna. Las aves más singulares son el batará moteado *(Xenornis setifrons)*, el cara cara avispera *(Daptrius americanus)*, el pitasoma coroninegro *(Pittasoma michleri)* y el soterrey gorgirrayado *(Thryothorus leucopogon)*.

HUMEDAL DE SAN SAN-POND SAK

El Humedal de San San-Pond Sak está ubicado en el extremo occidental del litoral caribe panameño, en la provincia de Bocas del Toro. Comprende 16.125 hectáreas de manglares, canales, humedales, lagunas, playas y ambientes marinos y costeros de gran importancia, lo que hizo que este humedal fuera incluido en la Lista de Humedales de Importancia Internacional de la Convención de Ramsar, en junio de 1993.

San San-Pond Sak protege importantes muestras de los ecosistemas costeros bocatoreños, que incluyen bosques de orey, playas que sirven como lugar de nidificación de las tortugas marinas y lagunas costeras y ríos que sirven de hábitat a los amenazados manatíes y a numerosas aves marinas costeras.

NARGANÁ WILDLIFE AREA

Narganá Wildlife Area comprises an area of 98,999 hectares within an administrative zone ('corregimiento') of Narganá in the north-western region of San Blas District, an independent area situated in the eastern Caribbean part of Panama and administered by the Kuna people.

This natural reserve was established on the initiative and under the leadership of the Kuna people and Kuna General Congress, an indigenous people native to the Isthmus who administer the Narganá area. In Narganá, marine and island species belonging to the Panamanian Caribbean are found, as well as significant examples of the terrestrial flora and fauna of Kuna Yala.

Narganá Wildlife Area includes the Pemasky installations, a Kuna conservation project on the continental watershed of the Serranía de San Blas (San Blas Range), which has visitor accommodation facilities and excellent and attractive nature trails in the area.

Among the plant species that may be enjoyed in the area, special mention should be made of 'heliconia de terciopelo dorado' *(Heliconia xanthovillosa)* and of the many plants used in traditional Kuna medicine. The most unusual birds are the speckled antshrike *(Xenornis setifrons)*, red-throated caracara *(Daptrius americanus)*, black-crowned antpitta *(Pittasoma michleri)* and the stripe-throated wren *(Thryothorus leucopogon)*.

SAN SAN-POND SAK WETLAND

San San-Pond Sak Wetland is situated at the western end of Panama's Caribbean coastline, in Bocas del Toro Province. It consists of 16,125 hectares of mangrove swamps, channels, wetlands, lagoons, beaches and very important marine and coastal environments, which led to this wetland being included on the Ramsar Convention List of Wetlands of International Importance in June, 1993.

San San-Pond Sak protects important examples of the coastal ecosystems of Bocas del Toro, including orey forest, beaches used by sea turtles as nesting sites, and coastal lagoons and rivers that are habitat for endangered manatees and many coastal sea birds.

En la divisoria continental de la Serranía de San Blas se localizan las instalaciones de Pemasky, un proyecto conservacionista kuna.

The continental watershed of the Serranía de San Blas (San Blas Mountains) is home to the Pemasky installlations, a Kuna conservation project.

EL ESPECTACULAR MOMOTO CORONIAZULADO (ARRIBA) CONTEMPLA DOS EJEMPLARES de la ranita dorada, una especie casi extinguida en los parques nacionales panameños. Este libro que ahora concluye pretende que esta desaparición ya no se repita y que el extraordinario patrimonio natural de Panamá pueda ser íntegramente legado a las generaciones que nos sucedan.

THE SPECTACULAR BLUE-CROWNED MOTMOT (ABOVE) LOOKS AT TWO GOLDEN FROG, A SPECIES THAT HAS NEARLY DIED OUT in Panamanian national parks. This book, which is drawing to a close, seeks to prevent such disappearances from reoccurring and to ensure that Panama's extraordinary natural heritage can be passed on intact to future generations.

ÁREA DE CONSERVACIÓN

EL DARIÉN

CONSERVATION AREA

NOMBRE / NAME	SUPERFICIE / AREA (has)	UBICACIÓN / LOCATION	MARCO LEGAL / LEGAL FRAMEWORK
Parque Nacional Darién (*)	579.000	Provincia de Darién	D.E. 21 07/08/80 Gaceta Oficial 19.142 (27/08/80)
Reserva Natural Punta Patiño (*)	13.805	Provincia de Darién	R.J.D. 21-94 02/08/94 Gaceta Oficial 22.617 (07/09/94)
Corredor Biológico de la Serranía de Bagre	31.275	Provincia de Darién	R.J.D. 01-95 26/07/95 Gaceta Oficial 22.846 (11/08/95)
Reserva Forestal Canglón	31.650	Provincia de Darién	D.E. 75 10/02/84 Gaceta Oficial 20.244 (12/02/85)
Zona de Protección Hidrológica Tapagra	2.520	Provincia de Panamá	R.J.D. 22-93 14/04/93 Gaceta Oficial 22.288 (19/05/93)
Reserva Hidrológica Serranía Filo del Tallo	24.722	Provincia de Darién	R.J.D.04-97 22/01/97

(*) SERVICIOS PARA EL VISITANTE / VISITOR SERVICES

ÁREA DE CONSERVACIÓN

LA CUENCA DEL CANAL

CONSERVATION AREA

NOMBRE / NAME	SUPERFICIE / AREA (has)	UBICACIÓN / LOCATION	MARCO LEGAL / LEGAL FRAMEWORK
Parque Nacional Chagres (*)	139.200	Provincias de Panamá y Colón	D.E. 73 (02/10/84) Gaceta Oficial 20.238 (04/02/85)
Parque Nacional Soberanía (*)	19.541	Provincias de Panamá y Colón	Dec. 13 (27/05/80) Gaceta Oficial 20.333 (24/06/85)
Monumento Natural Isla Barro Colorado (*)	5.400	Provincia de Panamá	—
Parque Nacional Portobelo (*)	35.929	Provincia de Colón	Dec. 91 (22/12/76) Gaceta Oficial 18.252 (12/01/77)
Parque Nacional Altos de Campana (*)	4.925	Provincia de Panamá	Dec. 153 (28/06/66) Gaceta Oficial 15.655 (06/07/66)
Parque Nacional Camino de Cruces (*)	4.500	Provincia de Panamá	Ley 30 (30/12/92) Gaceta Oficial 22.198 (06/01/93)
Parque Natural Metropolitano (*)	265	Provincia de Panamá	Ley 8 (05/07/85) Gaceta Oficial 20.352 (19/07/85)
Área Recreativa Lago Gatún (*)	348	Provincia de Colón	D. E. 88 (30/07/85) Gaceta Oficial 20.395 (19/09/85)

(*) SERVICIOS PARA EL VISITANTE / VISITOR SERVICES

ÁREA DE CONSERVACIÓN

AZUERO Y LA CORDILLERA CENTRAL

CONSERVATION AREA

NOMBRE / NAME	SUPERFICIE / AREA (has)	UBICACIÓN / LOCATION	MARCO LEGAL / LEGAL FRAMEWORK
Parque Nacional Cerro Hoya	32.557	Provincias de Los Santos y Veraguas	D.E. 74 (02/10/84) Gaceta Oficial 20.245 (13/02/85)
Parque Nacional Sarigua (*)	8.000	Provincia de Herrera	D.E. 72 (02/10/84) Gaceta Oficial 20.231 (24/01/85)
Parque Nacional General de División Omar Torrijos Herrera (*)	25.275	Provincia de Coclé	D.E. 18 (31/07/86) Gaceta Oficial 21.211 (12/01/89)
Reserva Forestal La Laguna de La Yeguada	7.090	Provincia de Veraguas	Dec. 94 (28/09/60) Gaceta Oficial 14.258 (20/10/60)
Mon. Natural Los Pozos de Calobre	3,5	Provincia de Veraguas	R.J.D. 13-9 (29/07/94) Gaceta Oficial 22.608 (25/08/94)
Reserva Forestal El Montuoso	10.375	Provincia de Herrera	Ley 12 (15/05/78)
Reserva Forestal La Tronosa	20.579	Provincia de Los Santos	Ley 55 (12/02/77) Gaceta Oficial 18.483 (22/12/77)
Ref. Vida Silvestre Pablo A. Barrios	—	Provincia de Los Santos	A. M. 4 (11/02/92) Gaceta Oficial 22.148 (21/10/92)
R. V. S. Cenegón del Mangle	1.000	Provincia de Herrera	R. M. 5 (07/10/80)
R. V. S. El Peñón del Cedro de Los Pozos	30	Provincia de Herrera	R. M. 3 (26/06/91)
R. V. S. Peñón de la Honda	1.900	Provincia de Los Santos	A. M. 10 (03/05/85)
R. V. S. Isla Iguana (*)	58	Provincia de Los Santos	D.E. 20 (15/06/81) Gaceta Oficial 21.235 (20/02/89)

(*) SERVICIOS PARA EL VISITANTE / VISITOR SERVICES

ÁREA DE CONSERVACIÓN

EL PACÍFICO

CONSERVATION AREA

NOMBRE / NAME	SUPERFICIE / AREA (has)	UBICACIÓN / LOCATION	MARCO LEGAL / LEGAL FRAMEWORK
Parque Nacional Coiba (*)	270.125	Provincia de Veraguas	R.J.D. 21-91(17/12/91) Gaceta-Oficial 21.958 (23/01/92)
Parque Nacional Marino Golfo de Chiriquí (*)	14.740	Provincia de Chiriquí	R.J.D. 19-94(02/08/94) Gaceta-Oficial
R. V. S. Isla Cañas (*)	25.453	Provincia de Los Santos	R.J.D. 10-94(29/06/94) Gaceta-Oficial 22.586 (25/07/94)
Reserva Natural Isla San Telmo (*)	240	Golfo de Panamá	INICIATIVA PRIVADA
R. V. S. La Barqueta Agrícola	5.935	Provincia de Chiriquí	R.J.D. 16-94(02/08/94) Gaceta-Oficial 22.617 (07/09/94)
R. R. V. S. Boca Vieja	3.740	Provincia de Chiriquí	R.J.D. 17-94(02/08/94) Gaceta-Oficial 22.617 (07/09/94)
R. V. S. Taboga y Urabá (*)	257,5	Provincia de Panamá	D.E. 76(02/11/84) Gaceta Oficial 20.258 (06/03/85)
Humedal Golfo de Montijo	89.452	Provincia de Veraguas	R.J.D. 15-94(29/07/94) Gaceta Oficial 22.608 (25/08/94)

(*) SERVICIOS PARA EL VISITANTE / VISITOR SERVICES

ÁREA DE CONSERVACIÓN

LAS TIERRAS ALTAS

CONSERVATION AREA

NOMBRE / NAME	SUPERFICIE / AREA (has)	UBICACIÓN / LOCATION	MARCO LEGAL / LEGAL FRAMEWORK
Parque Internacional La Amistad (*)	207.000	Provincias de Chiriquí y Bocas del Toro	R.J.D.21-88 (02/09/88) Gaceta Oficial 21.129 (09/09/88)
Parque Nacional Volcán Barú	14.000	Provincia de Chiriquí	D.E. 40 (24/06/76) Gaceta Oficial 18.619 (13/07/78)
Bosque Protector Palo Seco	125.000	Provincia de Bocas del Toro	D.E. 25 (28/09/83) Gaceta Oficial 19.943 (24/11/83
Reserva Forestal Fortuna	19.500	Provincia de Chiriquí	D.E. 68 (21/09/76)
Humedal Lagunas de Volcán	143	Provincia de Chiriquí	R.J.D. 18-94 (02/08/94) Gaceta Oficial 22.617 (07/09/94)

(*) SERVICIOS PARA EL VISITANTE / VISITOR SERVICES

ÁREA DE CONSERVACIÓN

EL CARIBE

CONSERVATION AREA

NOMBRE / NAME	SUPERFICIE / AREA (has)	UBICACIÓN / LOCATION	MARCO LEGAL / LEGAL FRAMEWORK
Parque Nacional Marino Isla Bastimentos (*)	13.226	Provincia de Bocas del Toro	R.J.D. 22-88 02/09/88 Gaceta Oficial 21.129 (06/09/88)
Área Silvestre Corregimiento de Narganá (*)	100.000	Comarca de San Blas	R.J.D. 22-94 02/08/94 Gaceta Oficial 22.617 (07/09/94)
Humedal San-San Pond Sak (*)	16.125	Provincia de Bocas del Toro	R.J.D. 20-94 02/08/94 Gaceta Oficial 22.167 (07/09/94)

(*) SERVICIOS PARA EL VISITANTE / VISITOR SERVICES

Bibliografía – Bibliography

I. LIBROS - BOOKS

Allen, Gerald R. y D. Rose Robertson, 1994, **Fishes of The Tropical Eastern Pacific,** Hawaii, University of Hawaii Press, 332 págs.

Alvarado, Ramón, 1989, **Procedimiento para la Creación y Manejo Inicial de Parques Nacionales: Dos Estudios de Caso en Panamá,** Panamá, Inédito, 175 págs.

Angehr, George y Otros, 1984, Panamá, **Guía de los Árboles Comunes del Parque Nacional Soberanía,** Coedición Smithsonian Tropical Research Institute y Dirección Nacional de Recursos Naturales Renovables, 71 págs.

Instituto Geográfico Nacional "Tomy Guardia", 1988, Panamá, **Atlas Nacional de la República de Panamá,** Impreso Instituto Geográfico Nacional Tomy Guardia, 222 págs.

Bjorndal, Karen A., 1981, Washington D.C., **Biology and Conservation of Sea Turtles,** Smithsonian Institute Press, 583 págs.

Castro Herrera, Guillermo, 1996, Panamá, **Naturaleza y Sociedad en la Historia de América Latina,** Centro de Estudios Latinoamericanos (CELA), 351 págs.

Comarca de la Biósfera de Kuna Yala, Plan General de Manejo y Desarrollo, 1990, Panamá, PEMASKY, 75 págs.

D'Arcy, William y Mireya D. Correa A., **The Botanical and Natural History of Panama,** 1985, EUA, Missouri Botanical Garden and the Universidad de Panamá, 455 págs.

Dressler, Robert L., **Field Guide to the Orchids of Costa Rica and Panama,** 1993, New York, Comstock Publishing Asociates, 374 págs.

Forest cover and land use within The Panama Canal Watershed, Period 1993 - 1995, 1996, Panamá, ANCON, 28 págs.

Fred Berry and W. John Kress, 1991, **Heliconia: an Identification Guide,** Hong Kong, Smithsonian Institution Press, 334 págs.

Guía del Sistema de Parques Nacionales de Colombia, 1992, Colombia, Segunda Edición, INDERENA, 198 págs.

Holdrige, Lestier R., 1961, **Ecología de la Cordillera de Talamanca en la República de Panamá,** Panamá, USOM - Panamá, 21 págs.

Holldobler, Bert & Edward O. Wilson, 1994, **Journey to the Ants,** EUA, The Belknap Press of Harvard University Press, 224 págs.

Méndez, Eustorgio, 1979, **Las Aves de Caza de Panamá,** Panamá, Editora Renovación, 290 págs.

Méndez, Eustorgio, **Elementos de la Fauna Panameña,** 1987, Panamá, Imprenta Universitaria, 216 págs.

Méndez, Teodoro, 1979, **El Darién, Imagen y Proyecciones,** Panamá, Ediciones Instituto Nacional de Cultura, 553 págs.

Milton, Katherine, 1980, **The Foraging State Strategy of Howler Monkeys,** USA, Columbia University Press, 165 págs.

Moore, Alan W., 1985, **Un Plan para la Conservación y el Desarrollo de la Provincia de Bocas del Toro,** Panamá, UICN, 57 págs.

Navarro, Juan Carlos, 1985, **El Reto del Desarrollo de una Geografía Sistemática de Panamá,** Panamá, Inédito, 254 págs.

Orchids of Panama, 1980, EUA, Missouri Botanical Garden, 245 págs.

Perry, Donald, 1986, **Costa Rica, Life above the Jungle Floor,** Costa Rica, Donald Perry, 170 págs.

Propuesta para el establecimiento legal de los límites del Refugio de Vida Silvestre Isla Cañas, Provincia de Los Santos, 1991, Panamá, ANCON, 37 págs.

Ridgely S. Robert y John A. Gwynne, 1993, **Guía de las Aves de Panamá,** Panamá, ANCON, 614 págs.

Sosa, Alma E. de, 1994, **Análisis Histórico del Sistema Nacional de Áreas Protegidas de la República de Panamá,** Panamá, INRENARE, 19 págs.

Torres de Araúz, Reina, 1980, **Panamá Indígena,** Instituto Nacional de Cultura, Panamá, 383 págs.

Velayos, Mauricio y otros, **Guía de Campo del Parque Nacional de Coiba** (Panamá), 1997, Agencia Española de Cooperación Internacional (AECI), Madrid, Santiago Castroviejo (Editor Científico), 215 págs.

Wong, Marina and Jorge Ventocilla, 1986, **A Day on Barro Colorado Island,** Panamá, Smithsonian Tropical Research Institute, 93 págs.

Wood, Elizabeth, 1983, **Corals of the World,** T.F.H Publications, USA, 236 págs.

II. DOCUMENTOS – DOCUMENTS

Alvarado, Ramón, 1987, **Estudio Preliminar para el Establecimiento del Parque Nacional Marino Isla de Bastimento,** Panamá, INRENARE, 17 págs.

Cobertura Boscosa de Panamá, 1990, Panamá, INRENARE, 10 págs.

Del Cid, M., J. Carrión de Samudio, I.A. Valdespino & D. Santamaría, E. (editores). 1997. **Evaluación Rural Participativa de las Áreas de Influencia al Parque Nacional Marino Isla Bastimentos y el Humedal San San – Pond Sak, provincia de Bocas de Toro.** Tomo 2. Aspectos Socioeconómicos. Asociación Nacional para la Conservación de la Naturaleza (ANCON). 204 págs.

Diagnóstico Ambiental de las Comunidades de Majé y Pavita, con la metodología rural participativa, 1994, Panamá, INRENARE, UICN, Fundación de Parques Nacionales y Medio Ambiente, 84 págs.

Estrategia para el Desarrollo Sostenible de la Reserva de la Biósfera La Amistad, Panamá, 1994, Panamá, Ministerio de Planificación y Política Económica, Instituto Nacional de Recursos Naturales Renovables y Conservación Internacional, Secretaría General de la Organización de los Estados Americanos, 135 págs.

Estrategia para la Formulación e Implementación de Políticas La Amistad, 1992, Panamá, OEA, 135 págs.

Estrategia para la Formulación e Implementación de Políticas La Amistad -Costa Rica, 1990, Costa Rica, OEA, Gobierno de Costa Rica, 174 págs.

Estrategia Regional para el Desarrollo Sostenible de Bocas del Toro, sin fecha, Panamá, UICN, 77 págs.

Evaluación del posible impacto ecológico sobre la fauna existente en el área del nuevo embalse del Proyecto Hidroeléctrico La Fortuna, 1990, Panamá, IRHE - **Evaluación Ecológica Rápida** - Punta Patiño, 1992, Panamá, ANCON, 54 págs.

Listado de especies por parque, 1998, Panamá, ANCON, 640 págs.

Monitoreo Ecológico y Forestal de la Reserva Natural Punta Patiño, 1995, Panamá, ANCON - OIMT, 74 págs.

Plan de Desarrollo Integral – Punta Patiño, 1996, ANCON - OIMT, 32 págs.

Plan de Manejo del Área Recreativa del Lago Gatún, 1994, Panamá, INRENARE, 89 págs.

Plan de Manejo del Parque Nacional Volcán Barú, Panamá, 1981, Costa Rica, CATIE, 266 págs.

Plan de Manejo y Desarrollo para el propuesto Parque Nacional Portobelo, 1975, Panamá, INRENARE, 149 págs.

Plan de Manejo y Desarrollo Parque Nacional Chagres MIDA - RENARE, sin fecha, Panamá, 74 págs.

Plan de Manejo y Desarrollo Parque Nacional Soberanía, 1985, Panamá, INRENARE, 97 págs.

Plan de Manejo y Desarrollo Reserva Científica de Isla Majé, 1987, Panamá, Laboratorio Conmemorativo Gorgas, 163 págs.

Plan de Manejo y Desarrollo, Parque Nacional Chagres, sin fecha, Panamá, Instituto Nacional de Recursos Naturales Renovables, 84 págs.

Plan del Sistema Nacional de Areas Protegidas, 1996, Panamá, INRENARE, 152 págs.

Plan Estratégico Sistema de Parques Nacionales y Reservas Equivalentes, 1987, Panamá, INRENARE, 75 págs.

Plan Maestro del Área Recreativa Lago Gatún, 1994, Panamá, INRENARE, 89 págs.

Plan Maestro del Parque Nacional Altos de Campana, 1994, Panamá, INRENARE, 91 págs.

Plan Maestro del Parque Nacional Camino de Cruces, 1994, Panamá, INRENARE, 167 págs.

Plan Maestro para el Parque Nacional Chagres, 1994, Panamá, INRENARE, 105 págs.

Plan Maestro Parque Nacional Soberanía, 1994, Panamá, INRENARE, 142 págs.

Programa de Investigación, Monitoreo y Cooperación Científica, 1988, Panamá, PEMASKY, 26 págs.

Valdespino, I.A. & D. Santamaría E. (editores). 1997. **Evaluación ecológica rápida del Parque Nacional Marino Isla Bastimentos y áreas de influencia; Isla Solarte, Swan Cay, Mimitimbi (Isla Colón), y el Humedal San San - Pond Sak, provincia de Bocas del Toro. Tomo. 1: Recursos Terrestres.** Asociación para la Conservación de la Naturaleza (ANCON), 321 págs.

Punta Patiño, 1998, Panamá, Enviromental Education Center, ANCON, 34 págs.

Reserva de la Biósfera Darién, sin fecha, Panamá, Instituto Nacional de Recursos Naturales Renovables con la colaboración de ANCON, 63 págs.

Sistema Recomendado de Parques Nacionales y Reservas Equivalentes, 1988, Panamá, INRENARE, 62 págs.

Sousa, Francisca de, **Evaluación del posible impacto ecológico sobre la fauna existente en el área del nuevo embalse del Proyecto Hidroeléctrico La Fortuna,** 1990, Panamá, IRHE - Universidad de Panamá, 247 págs.

Sousa, Francisca de, **La Diversidad Biológica en Iberoamérica,** Instituto de Ecología, Acta Trópica, 1993.

ANCON, **Revista de la Asociación Nacional para la Conservación de la Naturaleza #** 19, mayo de 1996, Panamá, 30 págs.

AGRADECIMIENTOS

En primer lugar, la gratitud del autor al Centro para el Desarrollo Económico Compatible de The Nature Conservancy y The John D. and Catherine T. Mac Arthur Foundation por la Beca Interamericana de Conservación que le concedieron y con cuyos fondos realizó este trabajo. El autor desea agradecer también el valioso apoyo de la Autoridad Nacional del Ambiente (ANAM); del Instituto Panameño de Turismo (IPAT); del Instituto de Investigaciones Tropicales Smithsonian (STRI); y de la Asociación Nacional para la Conservación de la Naturaleza (ANCON). Los Directores y el personal de estas organizaciones han proporcionado una colaboración invaluable. El autor aprecia especialmente el estímulo y la energía del editor Luis Blas Aritio y de todo el equipo de Ediciones San Marcos, el trabajo de Ricardo Laviery, que participó en las investigaciones y en la coordinación con el Consejo Asesor, así como el de su secretaria, Lexa Flores, son parte de la génesis y culminación de este esfuerzo. Por último, el autor desea manifestar su agradecimiento a los miembros del Consejo Asesor de esta obra, que suministraron información, revisaron e hicieron interesantes sugerencias y correcciones a los textos, y colaboraron de muy diversas maneras con este proyecto: Iván Valdespino y todo el equipo de la División de Ciencias de ANCON; Mirei Endara, Dimas Arcia, Erasmo Vallester, Kruskaya de Melgarejo, Leticia del Polo y el personal de la Dirección de Áreas Silvestres Protegidas del ANAM; Gina Castro, Raúl Fletcher, Juan José Gutiérrez, Oscar Valbino, Francisca de Sousa, Enrique Mayo, Julio Escobar, Hernán Araúz, Carlos Brondaris, Marta Molina, Denis Couto y Ron Magill.

ACKNOWLEDGEMENTS

Firstly, the author would like to thank the Centre for Compatible Economic Development of The Nature Conservancy and The John D. and Catherine T. MacArthur Foundation for the Inter-American Conservation Grant they awarded and for the funds they provided, which allowed the author to produce this book. The author also wishes to acknowledge the valuable support received from the Autoridad Nacional del Ambiente (ANAM); the Instituto de Turismo de Panama (IPAT); the Smithsonian Tropical Research Institute (STRI) and the National Association for Nature Conservation (ANCON). The directors and staff of the above-mentioned organisations gave invaluable support. The author is especially grateful to the publisher, Luis Blas Aritio, and all the staff at San Marcos Publications for their drive and energy. The work of Ricardo Laviery, who took part in the research and co-ordination with the Advisory Committee, and of his secretary, Lexa Flores, contributed to the genesis and culmination of this effort. Finally, the author would like to thank the members of the book's Advisory Committee, who provided information, reviewed contents, made interesting suggestions and corrections to the texts, and helped with this project in many different ways. They are as follows: Iván Valdespino and all the staff at the Science Division of ANCON; Mirei Endara, Dimas Arcia, Erasmo Vallester, Kruskaya de Melgarejo, Leticia de Polo and the staff of ANAM's Dirección de Áreas Silvestres Protegidas; Gina Castro, Raúl Fletcher, Juan José Gutiérrez, Oscar Valbino, Francisca de Sousa, Enrique Mayo, Julio Escobar, Hernán Araúz, Carlos Brondaris, Marta Molina, Denis Couto and Ron Magill.

Lista de fotógrafos
List of photographers

AECI: 154, 163.

J. J. Abaurre: 181, 167.

J. Andrada y J. A. Fernández: 4, 25, 37, 50, 71, 85, 92, 95, 102, 106, 107, 119, 142.

M. Barrs: 18.

Luis Blas Aritio: 104, 105, 120, 121, 202, 233, 269, 270, 271, 279, 280, 281.

J. A. Fernández: 6, 23, 54, 67, 88, 90, 91, 100, 136, 165.

J. A. Fernández y C. de Noriega: 24, 75.

H. Geiger: 152, 159, 160, 170, 171, 172, 173, 174, 175, 176, 248, 250, 261.

H. Geiger y F. Candela: 252, 253, 254.

A. Larramendi: 128, 129, 131, 144, 150, 151, 155, 157, 161, 83.

C. Lopesino y J. Hidalgo: 93, 94, 98, 114, 123, 125, 126, 127, 130, 132, 133, 135, 137, 138, 139, 141, 143, 145, 146, 147, 148, 149, 158, 178, 182, 185, 186, 187, 188, 189, 190, 191, 192, 193, 194, 195, 197, 224, 225, 227, 228, 232, 236, 238, 240, 251, 258, 272, 276, 277, 278, 282, 283.

A. Ortega: 166, 169, 177, 179, 184, 196.

Ignasi Rovira: 153.

Antonio Vázquez: 1, 2, 3, 5, 7, 8, 9, 10, 11, 12, 13, 14, 15, 16, 17, 19, 20, 21, 22, 26, 27, 28, 29, 30, 31, 32, 33, 34, 35, 36, 38, 39, 40, 41, 42, 43, 44, 45, 46, 47, 48, 49, 51, 52, 53, 55, 56, 57, 58, 59, 60, 61, 62, 63, 64, 65, 66, 67, 68, 69, 70, 72, 73, 74, 76, 77, 78, 79, 80, 81, 82, 83, 84, 86, 87, 89, 96, 97, 99, 101, 103, 108, 109, 110, 111, 112, 113, 115, 116, 117, 118, 122, 124, 134, 140,156, 162, 164, 168, 180, 198, 122, 124, 134, 140, 156, 162, 164, 168, 180, 198, 199, 200, 201, 203, 204, 205, 206, 207, 208, 209, 210, 211, 212, 213, 214, 215, 216, 217, 218, 219, 220, 221, 222, 223, 226, 229, 230, 231, 234, 235, 237, 239, 241, 242, 243, 244, 245, 246, 247, 249, 255, 256, 257, 259, 260, 262, 263, 264, 265, 266, 267, 268, 273, 274, 275, 284, 285. Portada/Cover. Contraportada/Back cover.

En Madrid,
el día 9 de octubre de 1998,
festividad de Nuestra Señora del Remedio,
acabóse de imprimir este libro
en las prensas
de Gráficas Jomagar